别让拖延毁了你的人生

张 乐 编著

辽海出版社

图书在版编目（CIP）数据

别让拖延毁了你的人生 / 张乐编著 . — 沈阳：辽海出版社，2017.9
　　ISBN 978-7-5451-4408-6

　　Ⅰ . ①别… Ⅱ . ①张… Ⅲ . ①成功心理—通俗读物 Ⅳ . ① B848.4-49

中国版本图书馆 CIP 数据核字（2017）第 249667 号

别让拖延毁了你的人生

责任编辑：柳海松
责任校对：丁　雁
装帧设计：廖　海
开　　本：630mm×910mm
印　　张：14
字　　数：181 千字
出版时间：2018 年 5 月第 1 版
印刷时间：2019 年 8 月第 3 次印刷

出版者：辽海出版社
印刷者：北京一鑫印务有限责任公司

ISBN 978-7-5451-4408-6　　　　　　定　价：68.00 元
版权所有　翻印必究

前　言

　　这是一个瞬息万变的大数据时代，这是一个极其讲究速度和效率的时代。在这个时代中，拖延与犹豫是失败的原因，行动与速度才是制胜的关键。

　　对于处在这个时代中的我们而言，拖延是大忌。"机不可失，时不再来"，这是任何人都明白的道理，但是总有一些人喜欢拖延，他们面对机会时总是犹豫不决，从而让机会白白地溜走。他们天天在考虑、分析、判断，迟迟不下决定，总是优柔寡断。好不容易做了决定之后，又时常更改，不知道自己要的是什么，"抓怕死，放怕飞"。终于决定行动了，他们的"第一件事"却是拖拉，告诉自己："明天再说""以后再说""下次再做"。即使采取了行动也是三天打鱼，两天晒网。这样的人，处理事情时总是走不出困境，升迁永远没有希望，合作永远不会成功。一句话，他们永远是一事无成，终生与失败为伍。

　　"明日复明日，明日何其多？我生待明日，万事成蹉跎。"所以，成功只属于拒绝拖延、做了再说的人。做是生存的根本，只有敢做，才能抓住机会、占领先机，才能把愿望和构想付诸实践，才能让成功属于自己。一次小小的行动，往往

别让拖延毁了你的人生

会带来意想不到的结果。世界上的任何事、任何创举都是由行动者做出的。成功的第一步就是去做，天底下没有不去做的成功，只有做才能成功。

因此，我们在生活和工作中应做到拒绝拖延，做了再说。当有了好的想法时，就应该马上去做！只有立即付诸行动，我们才能取得成功。当我们决定做一件事时，不要踌躇、拖延，与其蹉跎岁月还不如大胆地去尝试，以积极的态度去行动。去做虽不等于成功在握，但是如果不去尝试或根本不去做的话就意味着没有任何成功的可能。

"不积跬步，无以至千里。"让我们激发心中的动力，拒绝拖延，行动起来，一步一个脚印，创造属于我们自己的天空和人生。

Contents
目 录

第一章 拖延让你在人生的沼泽里痛苦挣扎

拖延不但是对生命的浪费，还是成功的最大杀手；拖延不但会让先机丧失，还让个人无法获得发展；拖延不但让人在商场上失败，还让人在人生中屡遭失败。

拖延是人性的弱点 / 2

拖延常常是一个人失败的主因 / 4

不要让拖延成为你徘徊不前的借口 / 5

做事时不可犹豫不决 / 7

不要相信情况会好转的"鬼话" / 9

习惯性的拖延让人一事无成 / 12

赶快行动，莫拖延 / 13

拖延就是在纵容我们身上的惰性 / 15

下定决心，抛弃拖延的恶习 / 17

第二章 挖出拖延者内心隐藏的奥秘

拖延的背后是你内心的一些情绪在作怪，因此，克服拖延的习惯必须克服你的惰性。要战胜你的畏难情绪，果断地做出决定，从现在开始就去做你最需要做的事情，绝不让今天的事情留到明天，要持之以恒地完成每一件事情，每天都和自己竞争。什么事情都不能给自己留退路，要克服懒惰的习惯，切实改变你的拖延习惯。

延迟决定是最大的错误 / 22
现在就去做最需要做的事情 / 24
用持之以恒的态度去完成每件事 / 28
必须学会每天和自己竞争 / 30
别让恐惧占据你的内心 / 32
分清楚"不能"与"不为"之间的巨大差别 / 33
不要轻易给自己留退路 / 36
下定决心，告别懒惰的自己 / 38
改变那些多年形成的行为方式 / 42

第三章 有些时候，一定要快一点儿

徘徊观望是人生的大敌。许多人因为对已经来到面前的机会没有信心，而在犹豫之间把它轻轻放过了。"机会难再"，即使它肯再次光顾你，假如你仍没有改掉那徘徊观望的毛病的话，它还是会照样溜走。行动慢，等于没有行动。能够超越竞争对手的关键，能够帮助你达成目标的关键，能够帮助你谱写精彩人生的关键，只有一个，那就是快速行动。

先人一步，就能赢定大局 / 48
没有速度，很多时候就没有主动权 / 49
小心夜长梦多 / 51
千万不要找借口而拖延时间 / 52

及时抓住机会 / 54

想到就要做到 / 56

犹豫不决几乎是你能犯得最坏的错误 / 58

第四章 聪明人都会找到自己的方向

　　目标能够为你提供工作的中心，使你的工作不会发生偏离；能够使你确定事物的轻重缓急，对于不太重要的问题能够予以拒绝；能够使你缩小范围，确定明确的努力方向；能够让你明确追求的是什么；能够让你思考自己的价值，强迫自己思考最重要的问题。因此，制定明确的目标对于克服拖延具有极其重要的作用。从现在开始，把你期望实现的目标明确下来，马上采取行动，朝着正确的方向前进吧。

想成功就要设定明确目标 / 62

设定目标有利于成功 / 65

远大的目标从来不是一蹴而就的 / 67

从认识现在开始，我们就不会迷失自己 / 71

有什么样的目标就有什么样的人生 / 72

饭要一口一口吃，目标也要逐一实现 / 75

每一个坚持都是未来成功的资本 / 77

不要轻易放弃 / 78

进步与成功是一点一滴的努力得来的 / 81

做出最正确的判断，选择最正确的方向 / 83

第五章 别让机遇迎面而来，擦肩而过

机遇来也匆匆，去也匆匆，抓住了它，你便会大有作为；错过了它，便一事无成。因此，面对机遇时，要转动大脑，灵活善断，将机遇牢牢抓在手中，而切不可让拖延的恶习害了自己，让机遇白白溜走。要抓住成功的机遇，要勇于尝试、勇于冒险，敢于迈出第一步，做了再说，以便把握关键时刻。这样，方可运用机遇，在激烈的竞争中胜人一筹，取得非凡的成就。

拖延让你在"关键时刻"充满遗憾 / 88

不要坐待自己"命运之舟"的到来 / 90

很多时候，迈出人生的第一步再说 / 93

不行动，你就不会知道自己的力量 / 96

拒绝拖延还需要你勇于面对风险 / 97

勇于尝试才能抓住机遇 / 102

抓住机遇就是抓住了成功之门的把手 / 105

灵活善断，将机遇牢牢抓在手中 / 107

别让你成为自己最难击败的对手 / 109

第六章 一样的时间，不一样的生活

要克服拖延的习惯，就要善于对自己的时间进行管理。要充分认识到时间的价值，充分珍惜时间与利用时间，不能把时间浪费在一些无关紧要的事情上。要懂得赢得时间，与时间赛跑，走在时间的前面。要把自己有限的时间用在刀刃上，集中时间去做最紧要的事情，切不可平均分配自己的时间。同时，要充分珍惜现在的时间，切不可让时间白白地溜掉，让事情拖而不决，白白丧失成功的机遇。

成功与失败的界限在于分配时间 / 113
珍惜时间最重要的是珍惜现在 / 115
赢得时间就要立刻动手 / 116
成功的人都会时间管理 / 118
一段时间内集中精力去做一件事情 / 121
利用现在的时光，不要放过一分一秒 / 123
时间管理让有限的时间产生更重要的意义 / 126

第七章 主动的人不会为拖延找借口

　　一些人总是拖延的原因在于他们没有主动的精神，遇上事情总是喜欢消极等待。他们不知道生命在于运动，成功在于行动，最怕是一动不动。如果你放弃了主动，就意味着你不仅仅拖延了一件事，而且很有可能放弃了辉煌的未来，因为你可以放弃主动一件事，紧接着你就可能会拖延两件、3件、100件事。

敢为就是要告诫自己去做事、敢做事 / 130
成功者总在做事 / 131
现在就做，那么我们将在顶峰相会 / 133
奖赏都是给那些比别人干得多的人 / 135
这个世上，最害怕丧失的就是勇气 / 138
想到，就要去做到 / 139
借口会拖延我们的行动，让我们一事无成 / 142
与其被动地等待，不如主动地出击 / 144
不做境遇的牺牲品，要成为它的主人 / 146

第八章　激励是人在逆境中前进的马达

克服拖延需要学会激励自己。有时候，我们拖延是因为对自己信心不够，对面临的事情或工作有一种恐惧的情绪，总是怕这怕那。这时候，我们必须拥有一种积极的心态，对自己要有充分的信心，切不可让自己打败自己。要让自己的意志变得坚强，要敢于克服恐惧，在工作和生活中不断激励自己，克服拖延的恶习，走向成功。

人生最大的敌人就是自己的消极心态 / 150

相信自己，不要让自己打败自己 / 152

依赖自己，才能得到最后的胜利 / 154

勇敢积极，就有机会找到新出路 / 156

没什么能永远囚禁意志坚强的人 / 160

人生没有真正的失败 / 163

把自己逼到墙角何尝不是一种策略 / 166

想要生活有希望，就要克服恐惧心理 / 170

第九章　把那些成功所必需的事情坚持下来

要克服拖延的坏习惯，需要我们平时养成良好的习惯，把那些成功所必需的事情坚持下来。在日常的工作和生活中，我们需要培养这些好习惯："今日事今日毕"；现在就去做，做事要有条理和秩序，做起来再说；做事要专一，保持心情的宁静，认真做好每一件事；注意向他人学习；留意自己的瞬间灵感，同时要养成良好的工作习惯等。

坚持"现在就去做" / 174
习惯影响着人的成功与失败 / 176
良好的秩序是成功的基础 / 179
从现在开始做起 / 180
什么事情都要先做起来 / 181
好的工作习惯为我们搭建更好的舞台 / 183
做好一件事从认真开始 / 185
成功不是偶然,它更青睐专一的人 / 187

第十章 与其坐而论道,不如起而行之

功成名就者的最大特点就是立即行动。敢做可以使一个人的能力发挥到极限,也可以逼得一个人献出一切,排除所有障碍。不要抱怨自己的命运不好,行动就是力量。唯有行动才可以改变自己的命运。10个空洞的幻想也不如一个实际的行动。我们总是在憧憬,有计划而不去执行,以致让拖延成为习惯,其结果只能是一无所有。因此,我们一定要克服拖延的习惯,立即行动起来,做了再说。

烦恼是不敢立即采取行动的借口 / 191
10个空洞的幻想也不如一个实际的行动 / 192
看准事后迅速行动,才是最好的成功之法 / 194
只有行动才能决定我们的价值 / 197
世界上所有的成功都是行动的结果 / 200
不仅要"行动",还要有"信念" / 202
生涯规划对人的成功很重要 / 204
成功在于敢想,更在于你的行动 / 208

第一章 拖延让你在人生的沼泽里痛苦挣扎

拖延不但是对生命的浪费,还是成功的最大杀手;拖延不但会让先机丧失,还让个人无法获得发展;拖延不但让人在商场上失败,还让人在人生中屡遭失败。

拖延是人性的弱点

你是一个爱拖延的人吗？拖延是人性的弱点，在生活中不仅"任意横行"而且令人讨厌。如果遇到糟糕的情况，你会说"我应该应付它，但现在已经太晚了"，那么，你的"拖延症"的形成则不能归咎于外在力量的影响，它完全是由你自己造成的。

很少有人能坦率地承认他们爱拖延，这种心态从长远来说是不健康的。如果你觉得自己喜欢拖延并且没有负疚感、焦虑感或忐忑不安，那么，你就继续那样下去好了。但是，你所期待已久的幸福却不会到来。

在我们的一生中，有着种种憧憬、种种理想、种种计划，如果我们能够将这一切憧憬、理想与计划迅速地付诸行动，那么我们所取得的成就不知道会有多么大！然而，人们有了好的计划后，往往不去迅速执行，而是一味拖延，以致让热情冷淡下去，幻想逐渐消失，计划最终破灭。

人们的某个高尚的理想、有效的思想、宏伟的幻想都是在某一瞬间从人的头脑中跃出的，这些想法刚出现的时候是很完整的，但有拖延恶习的人迟迟不去执行、不去实现，而是留待将来再去做，最终一事无成。这些人都是缺乏意志力的弱者。那些有能力并且意志坚强的人，往往趁着热情最高的时候就去把自己的理想付诸实践，因此得以成功。

一日复一日，昨日有昨日的事，今日有今日的事，明日有明日的事。今日的理想，今日的决定，今日就要去实现，不要拖延到明日，因为明日还有新的理想与新的决定。明日复明日，明日何其多！

拖延往往会妨碍人们做事，因为拖延会消磨人的创造力。

过分谨慎与缺乏自信都是做事的大忌，有热情的时候去做一件事，与在热情消失以后去做一件事，其中的难易苦乐相差很大。趁着热情最高的时候，做一件事情往往是一种乐趣，也比较容易；但在热情消失后，再去做那件事，往往是一种痛苦，也不易办成。

有些事情在当初来做会感到快乐、有趣，如果拖延了几个星期再去做，便会感到痛苦、艰辛。比如，写信就是一例，一收到来信就回复，是最容易的，但如果一再拖延，那封信就不容易回复了。因此，许多大公司都规定，一切商业信函必须于当天回复，不能让这些信函搁到第二天。

命运常常是奇特的，好的机会往往稍纵即逝，犹如昙花一现。如果当时不善加利用，错过之后就会后悔莫及。

决定好了的事情拖延着不去做，往往会对我们的品格产生不良影响。唯有按照既定计划去执行的人，才能增进自己的品格，才能使其人格受到他人敬仰。其实，人人都能下决心做大事，但只有少数人能够一以贯之，也只有这少数人是最后的成功者。

当一个生动而强烈的意念突然闪耀在一个作家的脑海里，他就会生出一种不可遏制的冲动，要把那意念描写在白纸上。但如果他那时有些不便，无暇执笔，一拖再拖，那么，那意念就会变得模糊，最后，就会完全从他的思想里消逝了。

一个神奇美妙的幻想突然跃入一个艺术家的思想里，迅速得如同闪电一般，如果在那一刹那他把幻想画在纸上，必定有意外收获；如果拖延着，不愿在当时动笔，那么，过了许多日子后，即使再想画，那留在他思想里的好作品也或许早已消失了。

灵感往往转瞬即逝，所以应该趁热打铁，立即行动，及时抓住。

更糟糕的是，拖延有时会造成悲惨的结局。

生活中，有的人身体有病却拖延着不去就诊，这不仅会使身体受到极大的痛苦，还可能使病情恶化，甚至成为不治之症。

没有别的什么习惯比拖延更为有害了。更没有别的什么习惯比拖延更能使人懈怠了。人应该极力避免养成拖延的恶习。当受到拖延"引诱"的时候,要振作精神,并且坚持做下去。这样,自然就会克服拖延的恶习。

拖延常常是一个人失败的主因

决心的反面即是拖延,拖延是每一个人必须切实征服的公敌。

一份分析数百名富翁的报告显示,他们中的每一个人都有迅速下定决心的习惯,但改变初衷的时候则会谨慎从事。而财富失败的人则无一例外,遇事迟疑不决、犹豫再三,就算终于下了决心,也是拖泥带水,一点儿也不干脆利落,而且又习惯于朝令夕改、一日数变。

该做决定的时候怎么办?对于要决定的事,简单的如今天该穿什么衣服,到哪儿吃午饭,慎重的如要不要辞职等,你既已做决定,就按部就班地干下去,不要过分担忧有什么后果。若一生没有养成敏捷坚毅的决断能力,那你的人生将如一叶漂荡于海中的孤舟。你的生命之舟,将永远漂泊,将时时刻刻,都在暴风猛浪的袭击中,永远不能靠岸。

你在搜寻方法、窍门的时候,不要去找奇迹,因为奇迹是找不到的,你只会找到永恒的自然法则。这些法则可以带给一个国家自由,也可用以累积财富。

能迅速下定决心的人知其所需,而取得所需也往往如探囊取物。各社会阶层、各行各业的领袖下起决心来,都既坚定又迅速。唯其如此,他们才会成为领导人。

不要让拖延成为你徘徊不前的借口

在拳击台上,正在进行一场大战:彼特与基恩正为拳王荣誉而战。基恩最后胜利了,兴奋不已,而彼特垂头丧气。在戴上金腰带时,基恩说了一句名言:"作为拳手,最忌讳拖延,看准了就重重打过去才是最好的选择。"的确,拳台上没有退路——不会给拖延者留下一条可以逃脱之路!

人们往往会不自觉地犯这样的错误:在从事一项极为重要的工作时,往往先为自己预备好一条退路,以便在事情稍不顺时,能有一个逃生之所。但是,每一个人都应有这样的认识:即便战争进行得非常激烈,如果还有一扇退却之门为人而开,人们就不会使出自己的全部潜力。只有在一切后退的希望都已断除的绝境中,人们才肯使出拼命的精神去奋战到底。

断绝你的一切后路,将自己的全部注意力贯注于你的事业中,并抱有一种无论遇到任何阻碍都不会后退的决心,这样的精神才是最难能可贵的。正是在遇到阻碍时,因为缺乏坚韧的耐力而向后退,才使这世界上多了千万个因放弃战斗而成为挫败者的人。

当恺撒率领他的军队在不列颠登陆时,他决意不给自己的部下留任何退路。他要让他的军士们明白,此次进攻不列颠,不是战胜,就是战死。为此,他当着士兵的面,把所有的船只都烧毁殆尽。拿破仑也一样,他能摒除一切会引起冲突的顾虑,具有在瞬间决定的能力。

在现实中,有一类人在开始工作时,总是抱着必须取得成功的自信，拥有战胜一切危险的决心；还有一类人在动手之时，却缺乏明确的目标与志向，也没有那种无论如何必须获胜的坚强决心做后盾。很显然，这两类人的结果和境遇会有很大的差异。

最可怜可叹的是那些一直游荡、徘徊不定的人。他们也很想上进，但他们不能使自己像箭一般不曲不折地径直飞向目标，他们不曾断绝自己的后路，他们不曾抱着义无反顾的气概。

当一个人将全部精力贯注于自己生命中的大目标时，他就能产生一种伟大的力量，这种力量简直是无法抵御的。当你全神贯注于自己的目标，以至没有其他因素能使你消极时，你会看不见也遇不到那些目标不定、意志游移的人所遭遇的困难与阻碍。你坚毅的决心会吓退那些迷惑你心灵的魔鬼，会克服许多困难与阻碍。怀疑与恐惧，在如此坚定的灵魂面前早已逃之夭夭。一切妨碍胜利的仇敌，被你扫除干净是何等容易！

凡是那种怀着战胜一切危险的决心，抱着一往无前气概的人，都能获得别人的敬仰。因为人们知道，一般来说，凡是拥有这种态度的人都会成为一个胜利者。他们如此自信是有理由的，因为他们意识到自己有能力完成自己的任务。

对有志者而言，最大的对手就是拖延，直到现在仍然如此！

有人喜欢把重要的问题搁置一边，留待以后去解决，这实在是一种不良的习惯。假如你养成了这种习惯，就应该赶紧下大力气去练习一种敏捷处事的本事。无论当前的问题有多么严重，多么需要你权衡利弊，你也不能一直拖延着不去做。假使你仍然心存一种凡事慢慢来或干坏了再重新考虑的念头，那么你注定是要失败的。宁可让自己因果敢的决定而犯下1000次错误，也不要姑息自己养成一种拖延的习惯。

一个有决断力的人在刚开始时不免会犯这样那样的错误，一旦他积累了经验，以后就不会重犯那些错误了。那些缺乏决断力的人、在解决每个问题时都想留有余地的人，他的一生将一事无成！

假如你能养成在最后一刻做出果断决定的习惯，那你就一定能拥有最高超的判断力。一旦你以为决定是可以改变的，不到最后一刻都是可以重新考虑的，你将永远无法养成正确可靠的判断力。

相反，一旦你能毫不迟疑地做出决定，并为你的决定断绝一切后路时，当你对自己所做出的任何一个不健全、不成熟的判断感到痛苦不堪时，你对自己所下的判断也一定会十分小心。这样一来，你的判断力自然日趋提升。

做事时不可犹豫不决

若一个人有拖延的习惯，最后就会两手空空，成不了大事。因为这种习惯会让时机从身边跑掉，让别人得到先机！

世间最可怜的人就是那些举棋不定、犹豫不决的人。有些人一旦遇到了事情，就一定要去和他人商量，这种主意不定、意志不坚的人，既不能成就自己，也不会为他人所信赖。

有些人的"拖延症"简直到了无可救药的地步，他们不敢决定种种事情，不敢担负起应负的责任。他们之所以这样，是因为他们不知道事情的结果会怎样——究竟是好是坏，是凶是吉。他们常常对自己的判断产生怀疑，不敢相信自己能解决重要的事情。因为犹豫不决，很多人使自己美好的想法最终破灭。

所以，对于成大事者来说，犹豫不决、拖延是一个阴险的仇敌，在它还没有伤害你、破坏你、限制你一生的机会之前，你就要即刻把这一敌人置于死地。不要再等待、再犹豫，不要等到明天，今天就应该开始。要逼迫自己训练一种遇事果断坚定的能力、遇事迅速决策的能力，对于任何事情都不要犹豫不决。

当然，对于比较复杂的事情，在决断之前需要从各方面来加以权衡和考虑，要充分调动自己的知识，进行最后的判断。一旦打定主意，就不要再更改，不再留给自己回头考虑以及后退的余地。一旦决策，就要断己的后路。只有这样，才能养成坚决果断的习惯，这样既可以增强自信，同时也能博得他人的信赖。有了这种习惯后，在最初的时候，也许会时常做出错误的决策，但由此获得的自信等种种卓越品质，足以弥补错误决策所可能带来的损失。

有这样一个人，他从来不把事情做完，无论做什么事情，他都会给自己留下重新考虑的余地。比如，他写信的时候，如果不到最后一分钟，就决不肯封起来，因为他总担心还有什么内容要改动。他时常会在信都封好了，邮票也贴好了，正预备投入邮筒之时，又把信封拆开，再更改信中的语句。最令人可笑的是，有一次，他给别人写了一封信，然后又打电报去，叫人家把那封信原封不动地立刻退回。这个人是个社会名人，在许多方面有着非常出色的才能与品格，但正是由于他这种犹豫不决的习惯，使他很难得到其他人的信赖。所有与他相识的人，都为他这一弱点感到可惜。

还有一个令人尊敬的妇女，也是个犹豫不决的人。当她要买一样东西的时候，一定要把全城所有出售那样东西的商场都跑遍。当她走进一个商店后，便从这个柜台跑到那个柜台，当她从柜台上拿起货物时，会从各方面仔细打量，看了再看，心中还是不知道喜欢的究竟是什么，也不知道究竟要买哪一种好。她还会问各种问题，有时问了又问，弄得店员们十分厌烦，结果，她最终总是一样东西也不买，空手而去。

有时，她要买一顶取暖的帽子，想着不能戴着太笨重，又想着一定要够保暖。她要买一件衣物，既想便于夏天穿，又想便于冬天，既想适用于高山穿，又想适用于海滨穿；不仅可用于礼拜堂，又可用之于影剧院。心中带着这样不现实的苛求，还能从哪里买到这样的东西呢？万一碰巧她买到了这样一件衣服，她心中又会怀疑所买的东西是否真的不错，是否要带回去询问他人的意见，然后再向店中调换。无论买哪一样东西，她总要换两三次，最后还是感到不满意。

犹豫不决和拖延，对于一个人来说，实在是一个致命的弱点。有此种弱点的人，从来不会是有毅力的人。这种性格上的弱点，可以破坏一个人的自信心，也可以破坏人的判断力，并大大有害于人的全部精神能力。

果断决策的能力，与一个人的才能有着密切的关系。如果没有果断决策的能力，人的一生就像深海中的一叶孤舟，永远漂流在狂风肆虐的汪洋大海里，永远无法到达成功的目的地。

不要相信情况会好转的"鬼话"

你也许经常说类似的话："我要等等看，情况会好转的。"这种话表明，你已经有了惰性。对于有些人来讲，这似乎已经成为他们习以为常的生活方式。他们总是"明日复明日"，因而也就总是碌碌无为。还是让我们来听听中国古人的那首《明日歌》吧，或许读后会令你颇有感触："明日复明日，明日何其多！我生待明日，万事成蹉跎。"

在现实生活中，我们也不难发现许多具有惰性的人，他们甚至不分事情的轻重，一律拖延。

马克是一位50多岁的人，结婚快30年了，但他经常抱怨自己的家庭生活并不美满。在与咨询专家的交谈中，他表示早已对自己的婚姻生活感到不满。他说："我们的婚姻一直不理想，从一开始就是如此。"医生问他怎么不早离婚，而拖延了这么长时间。他坦率地回答说："我总是希望情况会逐步好起来。"可笑的是，他已经"希望"了近30年，而他们的夫妻关系依然很糟糕。

在与咨询专家的进一步交谈中，马克承认自己在10多年前就患了阳痿症。他一直没有看过医生，他开始回避妻子，同时希望这一病症会自然消失。用马克自己的话说就是："我当初认为自己的身体肯定会好起来。"

马克是现代生活中的一种典型的惰性者。他对问题采取回避态度，并为之辩解说："如果我暂时不采取行动，问题可能会自己消失的。"但是，马克发现，问题从不会自然消失，它们总是保持原状。即使事物有时会变化，一般也不会向好的方向发展。如果没有外界因素的推动，事物本身（环境、情况、事件以及人）是不会有所好转的。要使生活变得更加充实，必须做出积极的努力。

对于拖延时间的行为，我们每个人都要进一步自省，看看可以采用哪些方法消除这一恶习。要消除这一恶习，并不需要你在精神上做出很大的努力，因为这一恶习与其他恶习不同，问题完全是由你自己造成的，丝毫没有受到任何文化、环境的影响。

瞻前顾后，只会让机会白白溜走。

直率、迅速是一切成就大业者必须具备的基础资本。对于任何事情，既不可马虎也不可退让，一定要静下心来详详细细地研究，弄得清清楚楚。当你与别人商谈生意时，要用最短的时间把来意说得明明白白，绝对不要浪费别人一点儿时间。当你把自己所要商谈的事谈妥后，便立刻打住，告辞而去。

通常，成就卓绝的商人或工程师，最怕那些"空闲无事"的人跑来侃大山，害得自己要赔上很多宝贵的时间。这些无聊的人往往一见面就会请安问好寒暄半天，直到快把人弄晕了，还不说明自己的来意。

有些人的确有值得重视、很高明的观点，但由于他们说话太啰嗦、没有头绪，导致别人不想理睬他们，只想早些避开。这种人给人留下的印象，往往是斤斤计较于鸡毛蒜皮之事，丝毫不能给人以直率、迅速的印象。

那些办事干练、精明的人大都具有直率、迅速的性格。他们十分珍惜宝贵的时间，绝对不愿意把一分一秒的光阴耗费在毫无益处的事情上。这种惜时如金的精神，也是每一位成大事者所应具备的品质。

很多人之所以失败，一个重要原因就是办事时经常拖延，不能迅速地加以解决。许多有利的商机就是在迟疑不决、优柔寡断、左思右想的时候失去了。比如，有很多本来希望无限的律师，因为不能直率而迅速地办事，最终归于失败。美国联邦最高法院的一位法官说，一件案子胜负的关键是对于案件中核心问题的辩论。有些律师出庭时，往往只考虑到案子的重要性，不得不把他的辩护词拉拉扯扯地讲一大堆，并且还举出无数个证据来。结果，法官和陪审员被他搅得头都晕了，而且由于他的话语和细节太多，又容易被对方抓住许多漏洞。要知道，在法庭上是没有一分一秒的时间允许多说一句废话的，法官和陪审员最爱听的是那些直截了当的辩护。因此，无论你因何事而辩论，一定要用简洁透彻的方式来阐明。无论你的本领有多高，学识有多深，气势有多大，脑子有多聪明，如果没有直率、迅速的处事手段，也是不能抓住要点而获得成功的。

习惯性的拖延让人一事无成

应该立刻做的事而拖延不去做，留待将来再做，有这种不良习惯的人，一定是弱者。有力量的人，是那些能够在对一件事情尚充满热情的时候就立刻去做的人。人们最大的理想、最强的意念、最宏伟的憧憬，往往会在某一瞬间突然从头脑中有力地跃出来。

一个猎人，带着他的袋子、弹药、猎枪和猎狗出发了。虽然人人劝他在出门之前把弹药装在枪筒里，但他还是带着空枪走了。

"废话！"他嚷道，"以前我没有去过吗？而且不见得我出生以来，天空中就只有一只麻雀啊！我真正到达那里得一个钟头，哪怕我要装100回子弹，也有的是时间。"

仿佛命运之神在嘲笑他的想法似的，他还没有走过开垦地，就发现一大群野鸭密密地浮在水面上，毫无疑问，猎人一枪就能打中六七只，够他吃上一个礼拜的——如果他出发时在枪筒内装好了子弹的话！

如今，他匆匆忙忙地装着子弹，可是野鸭发出一声叫喊，一齐飞了起来，高高地在树林上方排成长长的一列，很快就飞得看不见了。

他急急地穿过曲折狭窄的小径，在树林里奔跑搜索，可他连一只麻雀也没有见到。

真糟糕，一桩不幸又惹起了另一桩不幸：霹雳一声，大雨倾盆而下。猎人浑身都是雨水，袋子里空空如也。最后猎人拖着疲乏的脚步回家去了。

我们每天都有每天的事。今天的事是新鲜的，与昨天的事不同，而明天也自有明天的事。所以，今天之事就应该在今天做完，千万不要拖延到明天！

赶快行动，莫拖延

无论做任何事情，只停留在嘴上是远远不行的，关键要落实在行动上。

安东尼是一个部门的主管，每天醒来之后就一头扎进工作里，忙得焦头烂额、寝食不安，整个人都快要崩溃了。于是，安东尼去请教一位成功的公司经理。

来到这位公司经理的办公室时，这位成功的公司经理正在接听一个电话。听得出来，和他通话的是他的一个下属，而这位经理很快就给对方做出了明确的工作指示。刚放下电话之后，他又迅速签署了一份秘书送进来的文件。接着又是电话询问，又是下属请求，公司经理都马上给予了答复。

半个小时过去了，终于再也没有他人"打扰"，这位公司经理于是转过头来问安东尼有何贵干。安东尼站起身来说："身为一个全球知名公司的部门经理，您的办公桌上空空如也，而我办公桌上的文件却堆积如山。本来我是想请教您如何做到这一点的，但现在不用了，您已经通过行动给了我一个明确的答案。您是现在就把经手的事情解决掉，而我无论遇到什么事，都是先接下来，等一会儿再说。我明白自己的毛病出在哪儿了。"

一个人能否在自己的事业生涯中取得成功，秘诀就在于从现在开始不要把事务拖延到一起去集中处理，而是行动起来，立刻去做好正在经手的每一件事。

　　话又说回来，管理好了时间，我们就不需要为自己的拖延寻找借口了。

　　借口是拖延的温床。制造借口和托辞的"专家"通常是习惯性的拖延者。所以对那些做事情拖延的人，是不能抱以太高的期望的！拖延只会坏事，让我们到头来一事无成。

　　有的人放着今日的事情不去做，一定要留到以后再去做，却不知在拖延中所耗去的时间与精力，足以把今日的工作做好。决定好的事情拖延着不做，往往还会对我们的品格产生不良影响。受到拖延引诱的时候，反而需要振作精神去做事情，不要去做最容易的，而要去做最为艰难的事情，而且要能够坚持下去。

　　比尔·盖茨曾向他的员工谈起他的成功之道。他说："我发现，如果我要完成一件事情，我得马上动手去做。空谈对事情没有一点儿帮助！"比尔·盖茨先生的这句话放之四海而皆准。

　　能在事业上取得很大成功的人，往往不是那些嘴上说得天花乱坠的人，也不是那些把一切都设想得极其美妙的人，而是那些脚踏实地去做的人。

　　拖延是一种习惯，行动也是一种习惯，不好的习惯要用好的习惯来代替。其实，我们不妨认真地考虑一下，拖延的事情迟早要做，为什么要推后再做呢？马上完成工作以后可以休息，而现在休息，也许往后要付出更大的代价。

　　想一想，现实生活中，有哪些事情是你最喜欢拖延的，现在就下定决心，把它改掉，停止拖延。比尔·盖茨曾说过："立即去提高自己的成功素质，缺什么，补什么。"

　　在现实生活中，有很多人做事总是喜欢拖拖拉拉，总是为了一件不起眼的小事而耽误了本来预定要做的事，这是不明智的。聪明的人不是坐着等机会到来，而是自己动手创造机会。很多事情在特定的时间与特定的环境里做是最恰当的，可是往往有些人就把握不住这难得的机会。

很多人总觉得自己的人生道路还长得很呢，今天没做好的事，可以明天做，甚至后天、大后天再做也不迟。可是，只有把握好现在才能成功！

拖延就是在纵容我们身上的惰性

很多时候，消极等待，是对生命的一种浪费。拖延，是成功最大的杀手。

你是否也有这种拖延的习惯：清晨，闹钟把你从睡梦中惊醒，想着自己所订的计划，同时又留恋着被窝里的温暖。一边不断地对自己说该起床了，一边又不断地给自己寻找借口再睡一会儿。于是，在忐忑不安的挣扎之中，又躺了5分钟，甚至更久。

拖延是一种习惯，曾有人把一天所用的时间做了记录，惊讶地发现，"拖延"耗掉了我们一天四分之一的时间，甚至更多。

很多情况下，拖延是因为人的惰性在作怪。每当自己要付出劳动、做出抉择时，每当自己对某项工作产生畏难情绪时，每当想逃避某项不愿意去面对的事情时，总会为自己找出一些借口、理由，总想让自己轻松些、舒服些。有的人能在瞬间果断地战胜惰性，积极主动地面对挑战；有的人却深陷于"挣扎"的泥潭，自己被主动性和惰性拉来拉去，不知所措，无法定夺。时间就这样被一分一秒地浪费了。

其实，拖延就是在纵容惰性，也就是给惰性机会，如果形成习惯，它就会很容易地消磨人的意志，使人对自己越来越失去信心，开始怀疑自己的毅力、怀疑自己的目标、怀疑自己的能力，甚至会使自己的性格变得犹豫不决，养成一种办事拖拉的作风。

别让拖延毁了你的人生

千万不要给别人留下拖延的印象那样你会失去很多的机会。没有一个人愿意与一个拖拖拉拉、犹豫不决、言行不一的人合作。如果让对手知道你有拖延的毛病，他会抓住一切有利的时机毫不客气地击垮你。

当然，有时拖延是因为考虑过多、犹豫不决造成的。比如，有一方案即使在会议上已经通过，经理却还在考虑，万一职工有意见怎么办？万一上级领导有看法怎么办？非要再拖半天才去实施。诸如此类的事情，每一天都在我们的身边发生。适当的谨慎是必要的，但谨慎过头就是优柔寡断了，更何况很多像早上起床这样的事是没必要考虑的。所以，我们要想尽一切办法不拖延。最好的办法是"逼迫法"。也就是在知道自己要做一件事时，立即动手，绝不给自己留一秒钟的思考余地，更不能让自己拉开和惰性开战的架势。对付惰性最好的办法，就是根本不让惰性出现。一般情况下，在开始做事时，总是积极的想法先出现，然后当头脑中一出现"我是不是可以……"这样的问题，惰性就出现了，"战争"也就开始了。一旦开仗，结果就难说了。所以，要在积极的想法刚一出现时，就马上行动，那么惰性就没有了乘虚而入的可能。

爱默生说："紧驱他的四轮车到星球上去的人，比在泥泞的道上追踪蜗牛行迹的人，更容易达到他的目标地。"

虽然结果大多无法百分之百地完美，但我们要尽力做到最好，从经验中学习，吸取教训，才能一次比一次做得好，一次比一次坚忍不拔地向着自己确立的目标努力前进。

下定决心，抛弃拖延的恶习

　　人人都想成功，为什么有些人总是错过成功的机会？原因是行动被拖延"偷走"了。拖延是个专偷行动的"贼"，它在偷窃你的行动时，常常给你构筑一个"舒适区"，让你早上躺在床上不想起来，起床后什么也不想干，能拖到明天的事今天不做，能推给别人的事自己不干；不懂的事不想懂，不会做的事不想学。它让你的思想、行动停留在这个"舒适区"里，对任何舒适以外的思想、行动都觉得不舒服、不习惯。这个"贼"能偷走人的行动，同时也能偷走人的希望、人的健康、人的成功，它带给人的不良习惯和后果是"积重难返"的。有的学生遇上难题没有及时问老师，结果导致问题越来越多，成绩越来越差；有的商人因没能及时做出关键性的决定而惨遭失败；有的病人延误了看病的时间，结果造成无法挽回的悲剧。

　　成功需要行动！而我们往往因为拖延，无法采取行动。那么，如何才能克服拖延呢？

　　克服拖延的最好方法是心理预演。在心里反复想象自己行动的过程和样子，然后再采取行动就会很容易。因为人的潜意识不分真假，当你想象得非常真切时，潜意识就会把想象当成事实，误以为你已经行动过许多次了。

　　犹豫不决是一种疾病，在前期，它的症状是拖延、磨蹭。对那些深受犹豫不决之苦的人来说，在处理事情的时候，做出果断的决定是唯一改正拖延习惯的办法。否则，这一疾病将成为摧毁胜利和成就的致命武器。通常，失败的人往往是那些犹豫不决的人。某著名作家曾经说过，床是个让人又爱又恨的东西。我们晚上上床睡觉前，想到没有做完的工作总觉得现在睡觉还太早。然而，第二天早上，我们却不愿意早起床，尽管昨天晚上我们下决心第二天早上一定要早起。

彼得大帝总是天一亮就起床。他说："我要使自己的生命尽可能地延长，因此就要把睡眠时间尽可能地缩短。"

阿尔弗烈德大帝在黎明前起床；哥伦布在清晨的几小时计划寻找新大陆的航线；拿破仑在清晨思考最重要的战略部署；而早起同样是哥白尼的习惯。纵观古今，有很多著名大文学家都习惯早起。诗人布赖恩特5点钟起床，历史学家班克罗夫特天刚亮就起床。另外，华盛顿、杰弗逊、韦伯斯特、克莱和卡尔霍恩等政界要人也都习惯早起。

19世纪美国杰出的政治家韦伯斯特往往是在早餐前的时间把20到30封的回信写好。英国著名小说家瓦尔特·司各特之所以能取得那么大的成就，原因之一就在于他是个十分守时的人。他早上很早就起床。他自己曾经说，到早餐时，他已经完成了一天当中最重要的工作。一位渴望能在事业上获得成功的年轻人写信向他请教，他这样答复："一定要警惕那种使你不能按时完成工作的习惯——我指的是拖延磨蹭的习惯。要做的工作即刻去做，等工作完成后再去休息，千万不要在完成工作之前先去玩乐。"

在完成任务后，给自己一个奖励，奖励要实际并按事先定好的办。要留意会引诱自己不按计划行事的想法，例如，"我明天再做""我应该休息一下了"或"我做不了"。要学会把自己的思想倾向扭转过来："假如我再不做就没有时间了，下面还有很多事情等着我去做呢"；"如果我做完这个，就会感觉更轻松一些了"；或"我一旦开始做就不会那么糟糕了"。

倘若开始行动对你来说是一个挑战，那么就设计一个"10分钟计划"：做10分钟你惧怕的工作，接着决定是否继续。

倘若你在工作中遇到了一些障碍，那就把工作地点或姿势改变一下，休息一下，或者换一下工作内容。

利用能为你的工作提供帮助的朋友、亲人。在工作进程中向他们求教，告诉他们你需要他们的支持，你需要向他们倾诉你对工作的感想，你需要来自他们的鼓励。

在做事情的时候，不要害怕做出决策，只有你做出决策，才会有开始或结束。倘若你做出了一个错误的决策，就要及时地纠正。

然而，一定不要忘记，一旦你做出了一个决策，即使是一个错误的决策，你也已处在通向成功的道路上了。错误的决策可以被纠正，而永远不做决策的最终结果就是永远不会成功。下面的几点经验，对你做决策会有很大的帮助。

第一，不要拖延，及时行动。

你的决策要么被肯定，被否定，但无论结果是什么样的，此刻就行动，就在你研究过有关实际情况之后。不要说"我下周再决定"。在现在与下周之间会出现太多的变化，马上对你的实际情况进行研究，进而做出你的决策，付诸行动。

第二，受惠于付诸行动。

只有把你的热情和积极性给激发出来，不断地前进，付诸行动才会让你的收入有所增加，而坐着不动只会使你的心灵和金钱都静止不动。行动带来报酬，而拖延只会消耗你的热情和积极性。

第三，检查你的进展，做必要的修正。

没有任何人在所有时间里都能做出正确的决策。因此，不要对改变自己的想法感到害怕，因为它是必要的。时常把你的结果同你的目标进行比较，并养成这个好习惯。另外，做必要的检查和修正能帮你更好地做出决策。

第四，不要裹足不前。

不要停止不前，要不断向前发展。向后看只会展示你曾到过哪里，而向前看则会预示你向什么地方走去。

第五，用行动来证实你的决策。

你所做出的决策越准确，就越能增强你的自信心。要把你所有的能量和行动用来证实你的决策是正确的。如此一来，你不仅会证实你的决策是正确的，同时，也能够很容易地获得你所希望的结果，使你的决策和行动与财富创造成为一个整体。此后，你会前进得更迅速、更有把握。

如果你迈出了第一步，那你就成功了一半。但是，尽管你具备了知识、技巧、能力、良好的态度与成功的方法，也比其他人懂得多，然而你还是可能不会成功。因为你还要付出行动，100种知识也抵不上一次行动。如果你终于行动了，可能还是不会成功，因为太慢了。你只有很快地做出行动，比你的竞争对手更早一步知道、做到，你才能有成功的可能性。当今是互联网时代，一个小小角落里发生的事情转眼就能传遍世界。不管在什么时候、什么地方，你都可以轻易得到任何你所需要的知识与信息。

由此，我们应该明白：把握时间，马上行动！能够帮助你打败竞争对手的关键，能够帮助你达成目标的关键，能够帮助你占领市场的关键，能够帮助你成功致富的关键，就仅有两个词：一是行动；二是速度。想要成功就不能有借口，选择借口就难以成功！所以，现在就请你做个决定：你是否一定要成功？要成功，请马上行动！

第二章 挖出拖延者内心隐藏的奥秘

拖延的背后是你内心的一些情绪在作怪，因此，克服拖延的习惯必须克服你的惰性。要战胜你的畏难情绪，果断地做出决定，从现在开始就去做你最需要做的事情，绝不让今天的事情留到明天，要持之以恒地完成每一件事情，每天都和自己竞争。什么事情都不能给自己留退路，要克服懒惰的习惯，切实改变你的拖延习惯。

延迟决定是最大的错误

如果你养成了这样一种性格：逃避责任，无法做出决定。那么到了今天，即使你想做什么，也无法做成功了。

看了下面的故事，你就知道，在人的一生中，果断地做出决定是多么重要。

美国拉沙叶大学的一位业务员前去拜访西部一个小镇上的一位房地产商人，想把一个"销售及商业管理"的课程介绍给这位房地产商人。这位业务员到达房地产商人的办公室时，发现他正在一台古老的打字机上打着一封信。这位业务员自我介绍了一番后，便开始介绍他所推销的课程。

那位房地产商人显然听得津津有味。然而，听完之后，却迟迟不表达意见。

这位业务员只好单刀直入了："你想参加这个课程，不是吗？"

这位房地产商人以一种无精打采的声音回答说："呀，我自己也不知道是否想参加。"他说的倒是实话，因为像他这样难以迅速做出决定的人有数百万之多。这位对人性有透彻认识的业务员，这时候站了起来，准备离开，但接着他采用了一种多少有点儿刺激的战术。下面这段话使房地产商人大吃一惊。

"我决定向你说一些你不喜欢听的话，但这些话可能对你很有帮助。先看看你的办公室，地板脏得可怕，墙壁上全是灰尘。你现在所使用的打字机看来好像是大洪水时代诺亚先生在方舟上所用过的。你的衣服又脏又破，你脸上的胡子也未刮干净，你的眼光告诉我你已经被打败了。在我的想象中，在你家里，

第二章 挖出拖延者内心隐藏的奥秘

你太太和你的孩子穿得也不好,也许吃得也不好。你的太太一直忠实地跟着你,但你的成就并不如她当初所希望的。在你们结婚时,她本以为你将来会有很大的成就。"

"请记住,我现在并不是向一位准备进入我们学校的学生讲话,而且,即使你用现金预缴学费,我也不会接受。因为,如果我接受了,你将不会拥有去完成它的进取心,而我们不希望我们的学生当中有人失败。现在,我告诉你,你为何失败,那是因为你没有做出一项决定的能力。

"你一直都有逃避责任、无法做出决定的性格。结果时过境迁,即使你想做什么,也无法做成功了。如果你告诉我,你想参加这个课程,或者你不想参加这个课程,那么,我会同情你,因为我知道,你是因为没钱才如此犹豫不决。但结果你说什么呢?你承认你并不知道究竟参加或不参加。你已养成逃避责任的习惯,无法对影响到你生活的所有事情做出明确的决定。"

这位房地产商人呆坐在椅子上,下巴往后缩,他的眼睛因惊讶而睁大,但他并不想对这些尖刻的指控进行反驳。这时,这位业务员说了声"再见",走了出去,随手把房门关上。但随即又再度把门打开,走了回来,带着微笑在那位吃惊的房地产商人面前坐下来,说:"我的批评也许伤害了你,但我希望能够触动你。现在让我以男人对男人的态度告诉你,我认为你很有智慧,而且我确信你有能力,但你不幸养成了一种令你失败的习惯。但你可以再度站起来。我可以扶你一把——只要你愿意原谅我刚才所说过的那些话。你并不属于这个小镇。这个地方不适合从事房地产生意。你赶快给自己找套新衣服,即使向人借钱也要买来,然后跟我到圣路易市去。我将介绍一个房地产商人和你认识,他可以给你一些赚大钱的机会,同时还可以教你有关这一行业的注意事项,你以后投资时可以运用。你愿意跟我来吗?"

那位房地产商人竟然抱头哭泣起来。最后,他努力地站了

-23-

起来，和这位业务员握握手，感谢他的好意，并说他愿意接受他的劝告，但要以自己的方式去进行。他要了一张空白报名表，签字报名参加了"推销与商业管理"课程，并且凑了一些一毛、5分的硬币，先交了头一期的学费。

3年以后，这位房地产商人开了一家拥有60名业务员的大公司，成为圣路易市最成功的房地产商人之一。他还指导其他业务员工作。每一位准备到他公司上班的业务员，在被正式聘用之前，都要被叫到他的私人办公室去，他会把自己的转变过程告诉这位新人，从拉沙叶大学那位业务员初次在那间寒酸的小办公室与他见面时开始说起，并且首先要传授的一条经验就是——"延迟决定是最大的错误"。

从另外一个角度看，上例告诉我们：防止拖延性格最好的办法是培养自己的果敢决断力。

现在就去做最需要做的事情

人都有一种不良的性格——拖延时间，这种现象我们几乎不时遇见，以至于看见或者发生时都见怪不怪了。然而，拖延时间却是一种极其有害于人们日常生活与事业的恶习。那么你呢？是否经常拖延时间？不过，也许你已经讨厌自己的这种不良习惯了，并希望在生活中消除因拖延而产生的各种忧虑。但是，你总是没有将自己的愿望付诸切实的行动。其实，你所推迟的许多事情都是你曾经期望尽早完成的，只是由于某种"原因"而一拖再拖。有时你甚至每天都要对自己说："我的确应该做这件事了，不过还是等一段时间再说吧。"

有一位新闻记者将拖延时间的行为生动地比喻为"追赶昨

天的艺术"。这里，我们可以在后面再加半句——"逃避今天的法宝"，这就是拖延时间的作用。有些事情的确是你想做的，绝非别人要你做，然而，尽管你想做，却总是一拖再拖。你不去做现在可以做的事情，却下决心要在将来某个时候去做。这样一来，你便可以避免马上采取行动，同时安慰自己说，你并没有真正放弃决心要做的事情。这种"巧妙"的思维过程大致如下："我知道自己必须做这件事，可我真的做不好或者不愿去做，所以准备以后再做。而且，我也没有说今后不做此事，因而可以心安理得。"因此，每当你必须完成一项艰苦工作时，你都可以求助于这种站不住脚却看似实用的逻辑。

如果你一方面坚持自己的生活方式，另一方面又说你将做出改变，你的这种声明没有任何意义。你不过是个缺乏毅力的人，最后将一事无成。

假如你真想克服自己拖延的性格，那么，就从现在开始，不再拖延，赶紧列出自己的行动计划吧！

（1）不要把拖延看成一种无所谓的耽搁。一个企业家可能会因为没能及时做出关键性的决定而遭遇失败。有时候，由于做妻子的懒得及时洗碗铺床，也可能会造成一桩婚姻的瓦解。延误了看病的时间，会给人的生命带来无可挽回的影响。拖延这个坏习惯不是无伤大局的，它是个能使你的抱负落空、破坏你的幸福，甚至夺去你生命的恶棍。

（2）找出使你备感苦恼、习惯拖延的一个具体方面，然后去征服它。突破拖延对你生活某一方面的束缚，一种得到解脱的成功的感觉将会帮助你在其他方面去战胜它。

（3）为自己规定一个期限。但你不要暗地里规定一个期限，这样很容易被自己忽视。要让其他人都知道你的期限，并且期望你能如期完成。

（4）不要避重就轻。避重就轻是人的天性，但到头来只会导致问题难上加难，积重难返。

（5）不要因为追求十全十美而裹足不前。有些人对采取行动望而却步，因为他们害怕自己干得也许不那么完美无缺。

（6）把握眼前的5分钟，并努力地生活。先不要考虑各种长期的计划，应争取充分利用眼前的5分钟做自己要做的事情，不要一再推迟可以给自己带来愉悦感的那些活动。

（7）现在就去做你一直在推迟的事情，如写封信、实施写作计划。在采取实际行动之后，你会发现，拖延时间真的毫无必要，因为你很可能会喜欢自己一再拖延的这项工作。在实际工作中，你会逐步打消自己的各种顾虑。

（8）问问自己："倘若我做了自己一直拖延至今的事情，最糟糕的结果会是什么呢？"结果往往是微不足道的，因而你完全可以积极地去做这件事。认真分析一下自己的畏惧心理，你会发现维持这种心理毫无道理。

（9）给自己安排出固定的时间，如周一晚上10点至10点15分专门做曾被拖延的事情。你会发现，只要在这15分钟内专心致志地工作，你往往可以做完许多拖延下来的事情。

（10）要珍爱自己，不要为将要做的事情忧心忡忡。不要因拖延时间而忧虑，要知道，珍爱自己的人是不会在精神上这样折磨自己的。

（11）认真审视现实，找出目前回避的各种事情，并且从现在起逐步消除自己对真正生活的畏惧心理。拖延时间意味着你在现实生活中正为将来的事情而忧虑。如果你把将来的事情变为"现实"，这种忧虑心理必然会消失。

（12）节食、戒烟、戒酒——从现在开始！你现在就可以放下这本书，马上做一组俯卧撑，以此开始自己的锻炼计划。解决问题的方法就是——从现在开始！立即采取行动！妨碍你采取行动的完全是你自己，因为你以前不相信自己的力量，从而做出了一些错误选择。你看，这多么简单——只要去做就行了！

（13）当你觉得无聊的时候，要学会积极地利用自己的大脑。比如，在单调无聊的会议上主动提出一些问题调节沉闷气氛，或者利用大脑做些有趣的事情，比如作首诗，要不就努力死记一大串数字，以增强自己的记忆力。

（14）当别人对你评头论足时，问问他："你以为我现在需要别人评论吗？"而当你议论别人时，问问你身边的人，他是否愿意听你的评论；如果他愿意听，可以再问问他为什么。这样做有助于你从一个评论家转变为实干家。

（15）认真审视一下自己的生活。假设你今生还有6个月的时间，你还会做自己目前所做的事情吗？如果不会的话，最好尽快调节自己的生活，现在就去做你认为最紧迫、最需要做的事情。为什么？因为相对而言，你的时间是很有限的。在时间的长河中，30年和6个月是差不多的。你的全部生命只不过是短暂的一瞬间，因而在任何方面拖延时间都是毫无道理的。

（16）鼓起勇气去干一两件你一直回避的事情———一次勇敢的行动可以消除各种恐惧心理。不要再强迫自己"干好"，因为"干"本身就是关键所在。

（17）晚上睡觉之前，努力排除一切疲劳的感觉。不要以疲劳或疾病为借口而拖延去做任何事情。你会发现，当疲劳或疾病失去其意义时，也就是说，当它们不能成为你推迟工作的理由时，导致拖延的因素会"奇迹般地"消失。

（18）不要再使用"希望""但愿""或许"等词，因为这些词会促使你拖延时间。每当你发觉自己的话里又出现了这几个词时，就应该改变自己的话。例如，你应该这样做：

①将"我希望事情会得到解决"改为"我要努力解决这件事"；

②将"但愿我的心情会好一些"改为"我要做些事情，保持心情愉快"；

③将"或许问题不大"改为"我要保证没有问题"。

（19）每天都记录下你所发出的抱怨和议论。做这种记录可以达到两个目的：一方面，可以使你意识到自己在生活中的评论行为，即你是怎样评论的，评论了多少次，评论的是什么人、什么事；另一方面，做这种记录是件令人头疼的事，这也会促使你平时不要再胡乱评论和抱怨。

（20）如果你所拖延的事情涉及其他人（例如搬迁、夫妻生活或调换工作），你应该与这些人商量一下，听听他们的意见。要敢于摆出自己的各种顾虑，这将有助于你认识到自己的拖延是否完全出于主观原因。在知心朋友的帮助下，你们可以共同分析问题、解决问题。不久，你就会完全驱散因拖延时间而产生的忧虑。

（21）与家庭成员制定一项协议，明确提出你想做而拖延的事情：一同打场球，出去吃顿饭，看场戏，度假旅游……让大家各执一份副本，并且规定违约时将受的惩罚。你会发现这种办法很灵验，你本人也可以从中受益，因为你往往也会从这些活动中得到乐趣。

你要是希望改变现状，就不要怨天尤人，而要做实际工作。不要总是因拖延时间而忧心忡忡，并为此产生惰性，应该努力消除这一令人讨厌的性格，争取投身于现实生活，做实干家，而不是希望家、幻想家或评论家！

用持之以恒的态度去完成每件事

具有惰性的人总希望奇迹发生，但是，不要等待奇迹发生时才开始实践你的梦想。如能持之以恒地完成一件事，在这种行动里的自我暗示力，一定会把无恒心或没耐心的恶习一扫而光。行动的步骤应该有哪些？把它们一一列出来，然后，开始逐项实行。如果情况允许，不妨规定在一段时间内努力完成一件事情。自弃者最大的性格特点是缺乏持之以恒的精神，总是处于懈怠的状态。与之相反，要完善此性格的第一条守则就是：开始行动，向目标前进！而第二条守则是：每天继续行动，不断地向前进！

如何防止自弃的现象在你的身上产生呢？如果你要提高销售业绩，你的行动项目就应该包括增加打电话的次数。如果你只打了几个电话，应该再多打几个，设定每天的目标，并且遵守它。

如果你想换工作，需要接受特殊的职业教育培训，那就马上报名参加、缴学费、买书、上课，并且认真做功课。

如果你想学油画，就要先找到适合你的老师，购买需要的画具，然后开始练习作画。

如果你想要旅行，就到旅行社去询问行程的安排，并立刻着手规划。

无论你的目标或梦想是什么，你马上就要开始行动，并且坚持不懈！

不管读书或做事，每个人都想干个名堂出来，但是，往往缺乏恒心，结果只是落个"还是不成"的失望下场。你在日常生活里，难道没有一件事情能持之以恒地干下去吗？不管再细微的事情也罢，反正只要有一件事情就行了。如果能找到一件使你耐心做下去的事，就有挽回信心的希望。

老实说，一个人每天总会持续做许多相同的事情，即使在早晨的时间内，每天都会不厌其烦地以同样的方法洗脸、梳头、吃饭、看报。

此外，不论事情多么简单，大家不妨有意识地继续做下去。例如刷牙，研读一页百科全书，记一行日记，背诵一句英文格言，早晨在床上做一套体操等生活习惯。当你在认真做事时，生活中自然会产生一种和谐的节奏；反之，如果不做事的话，心里反而会感觉不踏实。不过，必须注意的是，千万不能把它看得过于沉重,而要把它看作今天的本分,不要考虑明天,今日事今日毕。如能持之以恒地完成一件事,在这种性格的支配下,一定会把自弃的恶习消灭掉。

必须学会每天和自己竞争

推诿者常说的理由是:"还有明天,我还来得及。"这种人的性格弱点是能拖则拖、能让则让。

我们必须走进积极的世界,去与他人竞争(以及合作),发现我们做人的效用。我们要挺起胸膛,学会自尊自重。我们要沉着地向前走,从容而又自信地向前走,想到我们所能贡献给大家的一切——想到我们所能贡献给自己的一切。

布里斯托尔用"啃光的白蚁"表示让人泄气的一面,因为那是一种以自毁的方式啃噬自己的"作用"——直到全部啃光,一无所有。

当你逃避人生时,你就是在啃噬自己,摧毁自己的精神。正像受伤的人会损失血液一样,消极的生活会吸去你精神上的"血液",吞噬你的生命力。医生在骨折的腿上使用石膏敷料,借以限制腿的活动,促进它的痊愈;使用拐杖承受断腿的压力,在痊愈之前,医生必须限制腿的活动。但这是一种积极的创造性计划——因此,它的最后结果,应该是腿部恢复健康,整个人则恢复全部的生活功能。

患了"慢性沮丧症"的病人,不断地啃噬着自己的心灵,直到发生"骨折",然后再加上一道"石膏敷料",刻意地限制自己的人生活动。他会为自己的失败找借口。他把自己不善交际的原因,推在别人身上,认为是别人误解了他、别人不公,因而限制了他与别人交往,最后只闷坐、呆想、自讨苦吃。

如果你想过积极的生活,你必须勇往直前地干下去——不论你遭遇什么样的困难。否则的话,你的心灵会形成一种适于"白蚁"繁殖的温床,它们会侵进你的心灵,将你摧毁。

不要像虫一样蛰居在死水深坑之中,不要这样自我沉沦下去,要学习如何将你的船驶上人生的航道。

一个人必须学会每天和自己竞争,才能掀起真正的"信心革命"!首先,不能替过错找借口,而是应承认并改正它。当我们避免设定有价值的目标时,便会因循守旧地过日子。这种思想怂恿人什么也不做,把一切推到明天。"明天",之所以属于消极的一面,是因为这种"明天哲学"会导致人过着没有目标的日子。它使人变得消极退缩,逃避人生的责任,而养成不负责的习惯。"明天会社"是一种庞大的国际组织,到处都有人把事情推到"明天"。

这种"明天哲学"之所以令人泄气,是因为它的根基建立在"妄想"上面:美好的明天就要到了,那时,目标就较容易达到;那时,障碍自会消失,就不会再受到挫折了。也许等到那个美好的明天到来时,数以亿计的"明天会社"会员将去工作,把事情完成。但那一天不会来临,至少,它不会在你的有生之年来临。

这种"明天哲学"只是一种纯粹的向往、一种十足的幻想,它会使你退却、逃避,把你带向沮丧的深渊。

这种具有毁灭性的"明天哲学",跟所谓的"新愁旧病"完全不同,后者使人希望在今天和明天改善自己。前者消极、被动,后者积极、主动。我们应该永远希望改善自己。

丢掉推诿的恶习吧!只要你的能力可以办到,只要你的目标值得一试,今天就开始动手吧!如此可使你不停地工作、前进,这对你是有益的。不论你喜不喜欢,你都必须每天跟自己竞争,你必须击败自己心中的消极意识。你不能骑墙观望，你必须加以抉择。你不跳向这边就得跳向那边，不是面对就是背离生活。强化你的自觉，肯定你自己，不然就会变得懦弱无能。这才是求生之道，这才能形成你希望的良好的性格。

别让恐惧占据你的内心

如果你能抛开恐惧，勇敢地改变自己，就不会继续为不良的结果而常常烦恼了。在生命里，所有的丰功伟业都是由信心开始，并由信心跨出第一步的。不要随意蹉跎岁月，不要随意挥霍生命。努力改造自己，争取明天的辉煌。鸟有翅膀能飞到天空，人没有翅膀，但凭着智慧的力量也能飞到天上去。

对人来说，恐惧念头就像是一条绷在身后的皮带。它将人往回拉，不是偶尔，而是时时刻刻。

如果你客观地观察一般人心中所有的恐惧念头，看它们对这个人有什么好处，你就会明白，不是某些而已，而是所有的恐惧念头都一无是处。它们没有一点儿好处，半点儿也没有。它们干扰了梦想、希望、欲望和进步。

恐惧念头有许多面貌。有时候令人听起来很合理："我只是比较谨慎，所以我要慢慢来。"其他时候，是受到过去的牵绊："我已经试过了，可是没有成功。"偶尔，恐惧会聪明地伪装为实际。"大部分人都失败了，所以开始做以前我一定要有绝对的把握。"然而，当你仔细、诚实地观察每一个恐惧念头时，却有相似的蛛丝马迹可寻。它们都是在解释或为某件事行不通而做辩解，即通常是为半途而废或迟迟未开始找合理的借口。

这里谈的恐惧是清清楚楚直接妨碍你的梦想的那种——害怕被拒绝、害怕失败。像这样的念头："别人会怎么看我？我看起来可能很愚蠢",或者"我不认为我做得到,我没有时间或经验,或信心,或预算"。这些常见的阴魂不散的恐惧念头都是我们自己幻想出来的"梦想破坏者"。

有一个推销员,她的目标是增加一倍的收入。她的"理性"恐惧以这样的面貌出现:"我不能在周末打电话给客户,因为我可能会得罪他们,或是占用了他们的家庭时间。"事实上,是她不敢打电话。所以,年复一年,她都没有打成电话,总是远远落后于她的目标。最终,她决定抛开恐惧,拿起电话。由于周末在家的客户更多,心情也更放松,她发现,这其实是打电话的最好时机。一旦她抛开恐惧,一切就轻而易举了。她的收入不只是加倍,而是三倍。

所以你应该尝试某件可以改变一生的事。承诺下个月开始练习抛开或忽略任何浮上心头的负面和恐惧的念头。当恐惧浮上心头时,轻轻但是坚实地将它们打发走。当它们回来时(这是必然的),再次打发它们走,不断努力下去,直到它们彻底消失为止。这只需要勇气以及一点儿练习。没有了恐惧念头的干扰,你将会发现,人生比较轻松,也比较美妙。

分清楚"不能"与"不为"之间的巨大差别

什么是"不能"与"不为"呢?

移泰山和折树枝的典故大概人们都清楚,孟子对此有精辟的解释。他认为,"我移不了泰山"是真话,因为没有人能做得了这件事,这就叫"不能";而"我折不了树枝"则是假话,因为基本上成年人都能做得了这件事,而是不愿去做,这就叫

别让拖延毁了你的人生

"不为"。

当把"不能"与"不为"弄懂之后，就好办了，"不能"固于然不可能，但"不为"则可以为，只是方法与心态的问题。

汉代著名学者承宫出生与贫寒之家，父母一年辛劳忙碌，全家人也只能勉强糊口，终年过着饥寒交迫的生活。

承宫七岁那年，该读书了，但他只能眼巴巴地望着左邻右舍的孩子们欢天喜地地进学堂，而他却不能去——饭都吃不饱，父母哪来钱供他上学呢？为这事，他不知偷偷哭过多少回。

不久，同村的学者徐子盛先生开办了一所乡村学堂。承宫每次路过学堂，只敢望几眼学堂大门，竖起耳朵偷听一会儿里面的读书声，然后就赶紧离开。渐渐地，承宫在学堂附近停留的时间越来越长，最后竟不由自主地来到学堂门口，偷听先生讲课、听学童读书。

终于有一天，徐子盛先生发现了他。当得知事情缘由后，徐子盛先生就将小承宫领进了学堂。从此，承宫就被收留在徐先生门下。他一边帮老师做杂活儿，一边随课听讲，并抓紧一切空余时间读书。他的学习成绩总是名列前茅。数年后，承宫读遍了先生的所有藏书，并写得一手好文章，远近闻名。承宫最后成了一名有很深造诣的学者。

也许有人会说，承宫是小时候发生转变的，如果已经成年，那现在还管用吗？有一句话叫"过去不等于未来"。所以，一切都能重新做起，一切都还来得及。只是"为"与"不为"的问题，只要起步，永远都不算晚！"三日不见，当刮目相看"，便是一例。

吕蒙是三国时的东吴将领，英勇善战。虽然深得周瑜、孙权器重，但吕蒙十五六岁即从军打仗，没读过什么书，也没什么学问。为此，鲁肃很看不起他，认为吕蒙不过是草莽之辈，四肢发达，头脑简单，不足与其谋事。吕蒙自认低人一等，也不爱读书，不思进取。

有一次，孙权派吕蒙去镇守一方重地，临行前嘱咐他说："你现在很年轻，应该多读些史书、兵书，懂的知识多了，才能不断进步。"

吕蒙一听，忙说："我带兵打仗忙得很，哪有时间学习呀！"

孙权听了批评他说："你这样就不对了。我主管国家大事，比你忙得多，可仍然会抽出时间读书，收获很大。汉光武帝带兵打仗，在紧张艰苦的环境中，依然手不释卷，你为什么就不能刻苦读书呢？"

吕蒙听了孙权的话十分惭愧，从此便开始发愤读书，利用军旅闲暇，读遍了诗、书、史及兵法战策。"功夫不负苦心人"，渐渐地，吕蒙官职不断升高，当上了偏将军，还做了浔阳令。周瑜死后，鲁肃代替周瑜驻防陆口。大军路过吕蒙驻地时，一谋士建议鲁肃说："吕将军功名日高，您不应怠慢他，最好去看看。"

鲁肃也想探个究竟，便去拜会吕蒙。

吕蒙设宴热情款待鲁肃。席间，吕蒙请教鲁肃说："大都督受朝廷重托，驻防陆口，与关羽为邻，不知有何良谋以防不测，能否让晚辈长点儿见识？"

鲁肃随口应道："这事到时候再说嘛。"

吕蒙正色道："这样恐怕不行。当今吴蜀虽已联盟，但关羽如同熊虎，险恶异常，怎能没有预谋呢？对此，晚辈我倒有些考虑，愿意奉献给您做个参考。"

吕蒙于是献上五条计策，见解独到精妙、全面深刻。

鲁肃听罢又惊又喜，立即起身走到吕蒙身旁，抚拍其背，赞叹道："真没想到，你的才能进步得如此之快……我以前只知道你是一介武夫，现在看来，你的学识也十分广博啊，远非昔日的'吴下阿蒙'了！"

吕蒙笑道："士别三日，当刮目相看。"

从此，鲁肃对吕蒙关爱有加，两人成了好朋友。吕蒙通过努力学习和实战，终成一代名将而享誉天下。

"不能"与"不为"有着本质的区别，成功人士面前没有"不为"。因此问题的关键在于：你是否能付诸行动。

不要轻易给自己留退路

不要认为"以后还有机会""时间还比较充裕"，不能给自己留退路。这样一来，在制订好计划以后，你唯一的选择就是立即行动，因为你已经无路可退。立即行动，可以使你保持较高的热情和斗志，能够提高办事的效率。而拖延时间只能消耗你的热情和斗志，使你无心做事。古时候，兵家作战的策略是"一鼓作气"，以防止"再而衰，三而竭"。拖延之后再想让疲软的心态鼓起斗志来是比较困难的。

在行动之前应该给自己定下一个合理的期限，没有一定期限的行动，常常是无效行动或是效率特低。有一个时间的约束，你就能时刻提醒自己：必须马上行动，否则，在约定期限内就完不成固定的行动计划了。非常重要的一个问题是：一定要将它落实。不要说："以后再去执行。""以后"就意味着这次行动的失败，下次行动你还要继续受到自己拖延习惯的威胁——下一次你还要面对这个问题。所以，立即行动，现在就消灭掉这个坏毛病，不是很好吗？

成功只属于那些愿意成功的人，成功有明确的方向和目的。自己不愿成功，谁也拿你没办法；自己不去行动，上帝也帮不

第二章 挖出拖延者内心隐藏的奥秘

了你。

有一位很有才气的学者，他想写一本有关几十年以前一个让人议论纷纷的人物的传记。这个主题有趣又很少见，凭他的渊博知识和优美的文笔，这个计划完成后肯定会给他赢得很大的成就、名誉和财富。他准备立即动手写，在半年的时间里完成。在写这本书的第一天晚上，他坐在桌前正准备写时，看了一下钟表，8点刚过一点儿，他突然想起晚上8：30电视上有一场精彩的球赛直播，于是他写书的心思没有了，便放下笔去看球赛。他对自己说，明天再写吧，反正时间还很多。

到了第二天晚上，一个老朋友给他打电话，叫他去喝酒，他本想在家里写那本书，犹豫了一会儿，他又有了理由：朋友难得一聚，书可以明天再写嘛。第三天晚上，因为头晚喝酒喝得太晚没有休息好，便早早地上床睡了。以后的日子里，他总是为自己找各种各样的借口："今天太累了，明天再写吧！""今天是双休日，得放松一下，明天写吧。"

一直以来，他都没有坐下来好好写过。很快，一年过去了，朋友问他书写得怎么样了，他却说这段时间太忙，还没开始写，等时间充裕了一定要把这本书写好。多么可怕的坏习惯！他日复一日地拖延着，总是为自己留后路，不去行动，也就始终没有获得应有的财富和荣誉。

不管你现在决定做什么事，设定了多少目标，都要立刻行动起来，不要把今天的事拖到明天去完成。现在就做，马上就做，是一切成功人士必备的品格。

下定决心，告别懒惰的自己

亚历山大征服波斯人之后，他有幸目睹了这个民族的生活方式。亚历山大注意到，波斯人的生活十分腐朽，他们厌恶辛苦的劳动，只想舒适地享受一切。亚历山大不禁感慨道："没有什么东西比懒惰和贪图享受更容易使一个民族衰败的了；也没有什么比辛勤劳动的人们更高尚的了。"

有一个人周游过世界，见识十分广泛。他对生活在不同地区、不同国家的人有相当深刻的了解，当有人问他不同民族的最大共同性是什么，或者说最大的特点是什么时，这个人回答道："好逸恶劳乃人类最大的特点。"

无论是对个人还是对一个民族而言，懒惰都是一种堕落的、具有毁灭性的品性。懒惰从来没有在世界历史上留下过好名声，也永远不会留下好名声。懒惰是一种精神腐蚀剂。因为懒惰，人们不愿意爬过一个小山岗；因为懒惰，人们不愿意去战胜那些完全可以战胜的困难。

因此，那些生性懒惰的人不可能在社会中成为一个成功者，他们永远是失败者，因为成功只会垂青于那些辛勤劳动的人们。懒惰是一种恶劣而卑鄙的精神重负，人们一旦背上了，就变得整天只会怨天尤人、精神沮丧、无所事事，这种人完全是对社会无用的人。

有些人终日游手好闲、无所事事，无论干什么都舍不得花力气、下功夫，但这种人的脑瓜子可不懒，他们总想不劳而获，总想占有别人的劳动成果；他们的脑子一刻也没有停止思维活动，一天到晚都在盘算着去掠夺本属于他人的东西。正如肥沃的稻田不生长稻子就必然长满茂盛的杂草一样,那些好逸恶劳者的脑子里就长满了各种各样的"思想杂草"。懒惰这个恶魔总是盘踞在头脑中,它直视那些头脑中长满了"思想杂草"的懦夫,并时时折磨他们、戏弄他们。

那些游手好闲、不肯吃苦耐劳的人总是有各种漂亮的借口,他们不愿意好好地工作、劳动,常常会想出各种理由来为自己辩解。但是,一心想拥有某种东西,却害怕或不愿意付出相应的劳动,这是懦夫的表现。无论多么美好的东西,人们只有付出相应的劳动和汗水,才能懂得这美好的东西是多么来之不易,才能愈加珍惜它。即使是一份悠闲,如果不是通过自己的努力得来的,这份悠闲也并不甜美。不是用自己的劳动和汗水换来的东西,你就不配享用它。

在现实生活中,无论一个人处在哪一阶层,具有什么样的地位和身份,他都必须或者说有义务去努力劳动。无论是穷人还是富人,无论是身居要职还是普通市民,都必须各司其职、各尽其力、各尽所能,为社会作出自己应有的贡献。

干什么事情,只停留在嘴上是不够的,关键要落实在行动上。

夸夸其谈、哗众取宠而不注重实干的人最令人反感,成功也永远不会光顾这种华而不实、说而不干的人。

能获得巨大成功的并不是那些嘴上说得天花乱坠的人,也不是那些把一切都设想得极其美妙的人,而是那些脚踏实地去干的人。

即使是那些处在社会最底层的人,只要他对工作充满热情,只要他是一个有心人,经过努力,也必将赢得他想获得的成功与地位。贫寒的出身、卑贱的地位并不意味着不可冲破、不可改变。人,重在实干、贵在真想。

除了崇尚空谈外,办事拖拉,也是懒惰者最常见的表现。

别让拖延毁了你的人生

懒惰使时间悄无声息地流逝。有些时候，我们所做的事情并不都是有意义的，有些甚至是在浪费自己的时间和生命。浪费时间，也是事业成功的一大敌人。

浪费时间，有两种表观：一种是主动浪费，一种是被动浪费。所谓主动浪费，是指由于自身的原因而造成时间的浪费。比如说，你明明知道睡一觉后时间会白白地逝去，可你偏偏要睡一觉。所谓被动浪费，是指由于他人的原因或突发事件而造成的时间浪费。比如说，在你工作时，你的同事与你闲聊了两个小时，这两个小时就是被动浪费了。

人们睡在暖洋洋的阳光下，或坐在树荫下聊天不愿工作，或沉迷于娱乐之中……致使好多应该做的事情没有做。好多本应成功的人平平淡淡，其罪恶之首，就是懒惰。懒惰是一种习惯，是人长期养成的恶习。这种恶习只有一种"成果"，就是使人躺在原地而不是奋勇前进。因此，要想具有一定成就，就要改掉这种恶习。

一天的时间如果排得满满的，让工作压得喘不过气来，促使你尽最大努力地投身到工作中去，你就会无形之中在忘我的工作中改掉懒惰的习性。

"在家有父母，出外有朋友。"这是很多人养成依赖心理、导致懒惰的根源。如果把你放在一个遥远的地方，在陌生的环境中生活，你就会自食其力，改掉懒惰的习惯。

有的人在工作中，稍有压力就放下不干了或等待明天再干，这样一拖再拖，就有很多的事情被积下来，时间却悄无声息地流逝了。如果你有这样的习惯，就是在浪费自己的生命。

有一个方法可以戒掉这个毛病，就是命令你自己："我现在很好，马上可以动手，再拖下去就完蛋了。我要把所有的时间和精力用在正事上。"许多人之所以爱拖拉，是因为形成了习惯。对于这样的人，无论用什么理由，都不能使他自觉放弃拖拉的习惯。因此，需要重新训练，以培养他们良好的积极工作的习惯。

一个人再拖拉,到了非干不可的时候也就不得不干了,正如房子着火了,他就不得不迅速逃生一样。明白了工作的重要性,他就不会再拖拉下去,以免造成危害或引起其他人的不满。

一位哲人说:"一个无所事事的人,不管他多么和蔼可亲、令人尊敬,不管他是多么好的人,不管他的名声如何响亮,他过去不可能、现在不可能、将来也不可能得到真正的幸福。生活就是劳动,劳动就是生活。让我看看你能干什么,我就知道你是一个什么样的人。我一向认为,热爱自己的工作、尊重劳动是保持良好品德的前提条件。只有热爱工作、尊重劳动,才能抵御各种卑劣思想、腐朽思想的侵蚀,才能抵抗各种低级趣味的引诱。我想进一步说明,只有热爱劳动、尽职尽责,才能摆脱由于沉溺于自私自利之中而带来的无数烦恼和忧愁。无论是谁,他既不可能躲避烦恼和忧愁、也不可能避开辛苦的劳动。"

懒惰的人总想干点儿轻松的、简单的事情,但大自然是公平的,这些"轻松的""简单的"事情对于懒惰者而言也会变得很困难。那些一心只想逃避责任的懦夫也迟早会受到应得的惩罚,因为这种人总是对高尚的、有利于公众的事情不感兴趣,于是他的私欲,各种卑劣、庸俗的念头就会在他的大脑中膨胀起来,这种人的心思本来可以用在有益的、健康的事业上,结果却由于私心杂念的过度膨胀,导致自己的心智、脑力被各种各样琐屑、卑鄙甚至是幻想出来的烦恼和痛苦白白地耗费了。

青年人只有对自己负责,将来的生活才会充满快乐、幸福,才是成功的,而快乐与幸福的方法之一就是劳动。经常进行劳动,对每个人来说都是有益无害的。一旦离开这种经常性的、有益于身心的劳动,人们就会无所事事、精神萎靡,进而会头昏眼花,神经系统紊乱。久而久之,身体自然会莫名其妙地垮下来,精神也会一蹶不振。千万不要陷入这种状态之中。战胜无聊和苦闷的最好办法就是勤奋地工作、满怀信心地劳动。一个人一旦参加了劳动，快乐自然就会来到身边，无聊和单调的感觉就会逃之夭夭。工作、勤奋地工作，劳动、愉快地劳动，去干这样或那样有益的事情。大家都信任脚踏实地的人。

每个人都期望幸福，对于成大事者而言，最大的幸福就是劳有所获。

辛勤的劳动是成功的阶梯，勤劳的习惯是成功的动力。

那些把工作当作习惯的人总是闲不住，懒惰对他们来说是无法忍受的痛苦。即使由于情势所迫，他们不得不终止自己早已习惯了的工作，也会立即去从事其他工作。那些勤劳的人们总是会很快地投入新的生活方式中去，并用自己勤劳的双手寻找、挖掘出生活中的幸福与快乐。青年人要享受成功的幸福，首先得有勤劳的习惯，并要付出辛劳的汗水，只有这样，才会收获快乐。

改变那些多年形成的行为方式

有些人不良的行为模式已经根深蒂固。因此，要向好的方面改变，就必须改变那些多年来形成的行为方式。

改变行为方式有两种方法：一种是强迫自己按照新设计的行为方式去做，直到这种方式成为习惯为止，另一种是利用奖励办法使自己逐渐形成一种新的习惯。

如果你要彻底改变原来的行为方式，就要认真采取一些对策，以帮助你加强或消除某些习惯。你最好画出一个表格，以利于你正确地评估出自己的进度。

对于大多数人来说，要认识到的一点是：任何做后可以使我们感到愉快的行为，往往会鼓励我们加紧去做，更有可能使我们再度去做。你可以从别人那里得到鼓励，也可以给自己某种奖赏进行自我鼓励。这种奖赏可能微不足道,但只要能使你觉得愉快就行了。它可以是些实物、一杯水、一些点心,也可以是允许自己去做某一件事情——休息一会儿、早一点儿下班或买一双鞋子等,它也可以是你向正确方向每迈出一小步时心中的自我抚慰。

你要为每一次"小"的成功奖赏自己,而不要专等"大"的成功。

在棒球比赛里,胜利并不取决于击打数目,而是取决于跑回本垒的次数。如果你只跑到三垒,裁判不会因为你跑了四分之三的路程而判你得分。

工作也是这样。能够开始当然很好,继续做下去更不错,但如果工作没有完成,你开始做的事情也就等于白做了。很多人有一种把一项工作做了一会儿又放在一边的习惯,还自我欺骗——自己从早忙到晚,似乎已经完成了什么。这种行为的结果只会是让人们留在"垒上"束手无策。

你要树立这样一种行为观念:一旦你开始做某项工作,就要把它做好,不要半途而废。当然,如果工作一环套一环,不能一次做完,这项建议就不大适用。那你该怎么办呢?

很简单,你可采用"各个击破法"。即把这项工作化解成若干个分段,最好用文字记录下来,然后强令自己完成一段后才能歇息一下。这样,在每告一段落的时候,你就不会觉得头绪紊乱,还会觉得离大功告成不远了,随时都可以鼓足劲儿干下去。

例如,你要写一份很长的工作报告,怎样安排进度好呢?你不要按"一次只写一个小时左右"这样的进度安排,要先写好大纲,或做好调查研究,或写下引言等,分段落安排进度。这样一来,当你每前进一步时,你就有完成某一件特定事情的感觉,并且十分清楚自己下一步该做什么了。接着再写的时候,你就不需要重新理出头绪,也就不会白白浪费时间和精力了。

把工作分成若干环节或若干段落去做，你就会养成所谓"强制去完成"的良好行为方式，并为每天省下很多时间。

如果拖延是你行为方式中的主要问题，就要改变行为方式，不能再拖延了。

当你发觉自己在拖延一项重要的工作时，可以尽量把它分成许多小而易于立即去做的工作，而不要强迫自己一下子完成整个工作，但要做好你表中所列的许多"阶段工作"中的一项。

例如，你已经拖延很久不去打一个你应该打但可能会令你不愉快的电话。在这种状况之下，可以采用"分阶段实施法"。你可以这样去做：

第一，查出电话号码，并且写下来。

第二，定出一个打通这个电话的时间。

（要求你立刻去打通电话显然有些超出你现有的意志力量，因此可让自己先轻松一下。但作为补偿，你要坚定地承诺在某一时间打通这个电话。）

第三，找到一些相关的资料，看看这个电话到底与什么有关，究竟是怎么一回事。

第四，先在心里想好自己要说些什么。

第五，打通这个电话。

如果这是一项主要工作，细分的阶段也很多，那就排一个详细的计划表。但是要使每一个细小工作简化到可以在几分钟以内做好。这样，当你在每次与人会谈之间，或在等电话的几分钟内，就可以解决一两项立即可以做好的小事。没有这张"工作分段表"，你可能永远不会着手去做这项大工作。

请记住：这项工作的第一阶段——第一件可以立刻做好的

小工作——就是用文字列出整个工作进程中的许多分步骤。

使你脱离困境的另一个好办法，是用文字来分析你要做的事情。

在一张纸的左边，列出你拖延某一项工作的所有理由，在右边则列出你着手完成这项工作可能得到的所有好处。

这样对比后的效果会极为惊人。在左边，你通常只能有一两个情感上的借口，诸如"这会遇到尴尬的场面"，或"我会觉得很无聊"等。但是在右边，你会列出许多好处，其中，第一个好处常是完成一项必须完成而又令人不愉快的工作的那种解脱感。

这种效果表现得非常快速而富有戏剧性。你会从怠惰中清醒过来，开始工作，获得你表中所列的许多好处。

有时，我们认识到不能立刻采取行动，并不是因为这项工作有什么无法克服的困难，而是我们已经养成了拖延的习惯。

那些办事效率高和效率低的人的最大区别往往在于：办事效率低的人习惯于这样想，这项工作虽然必须做，却是一项令人不愉快的工作，因此应尽量把它搁着；高效率的人则习惯于这样想，这项工作办起来虽然会令人不快，却必须做，因此现在就应把它办好，好早一点儿把它忘却。对于很多人来说，一想到要改变某种根深蒂固的习惯，就会感到不自在。他们已经努力过好多次，单纯以意志力量来改变习惯，结果都失败了。其实，并没有什么困难，只要你采用适合的方法。

当你决定改变时就立即开始，不要想一下子完全改变自己，现在要做的只是强迫自己去做自己所拖延的事情之一；从明天起，每天早晨开始，就做"待办事项"中令你感到最不愉快的事情的一项。

请注意，这里并没有说"待办事项"上最重要的一项。对于最重要的事项，我们应该分配一段特定的时间去做。最令人不愉快的事常常只是一件小事。

别让拖延毁了你的人生

　　一天虽然过去了一段时间，但你已经办好了一天中你必须做的最令你不愉快的事情，因此你就会有一种轻松愉快的感觉。几天后，你就会觉得这是一个好办法。之后坚持下去，直到自己感觉很自然为止。

　　虽然你第一天只强迫自己照这个办法做了一次，但是不久之后你就会发觉这会影响到你一整天的决定。别人每交给你一项不愉快的杂务，你都会渴望把它先解决掉，好迅速得到解决此类工作之后的那种解脱感与愉快感。

　　这个办法的妙处是改变了你对杂务的心理感受，因而在你面前不再有任何你根本不打算去做的事情。你当然打算去做那种杂事了，否则你不会把它列在你的"待办事项"中。这个办法会轻易地把这项工作列为第一项，而不是第五项或第十项。

　　现在就开始这么做吧！

第三章 有些时候，一定要快一点儿

徘徊观望是人生的大敌。许多人因为对已经来到面前的机会没有信心，而在犹豫之间把它轻轻放过了。"机会难再"，即使它肯再次光顾你，假如你仍没有改掉那徘徊观望的毛病的话，它还是会照样溜走。行动慢，等于没有行动。能够超越竞争对手的关键，能够帮助你达成目标的关键，能够帮助你谱写精彩人生的关键，只有一个，那就是快速行动。

先人一步，就能赢定大局

美国著名成功学大师皮鲁克斯有一句名言："先人一步者，总能获得主动，占领有利地位。"的确，机遇很重要，但你对机遇的反应同样重要。当机遇来临时，反应敏捷的人总能先人一步抓住机遇。因为机遇不等人，稍纵即逝。再者，机遇对别人也是公平的，"幸运52"的口号就是"谁都有机会"。那么，最终谁能抓住机遇呢？答案是反应敏捷才会"捷足先登"。

时下经常讲要"抓住机遇"，究竟怎样才能抓住机遇呢？被喻为"中国第一打工王""中国亿万富翁"的刘延林说："机遇，对每个人来说都是平等的，但为什么有人捕捉不到，有人捕捉得到？关键在于：你是不是积累了捕捉机遇的本领。就像狩猎时，等了很久很久，猎物来了，你却放空枪，所以只能眼睁睁地看着猎物消失。捕捉猎物的本领，就是及时抓住机遇。"中国古代有这样一个故事：

有三个财主在一起散步，其中一个首先发现前方有一枚闪闪发光的金币，眼神顿时凝固了！几乎同时，另一人大叫起来："金币。"话音未落，第三个人已经俯身把金币捡到自己手里了。

这个故事告诉我们：在机遇面前，眼快嘴快都不如手快。生活中有不少人发现了机遇，但是不能立即通过行动去抓住机遇，最终与没有发现机遇一样。

有很多成功的大企业家并没有学过经济学，肚子里也没有什么"墨水"，他们成功的关键就在于行动快：一旦发现机遇，就能把机遇牢牢地"抓"在手中！《英国十大首富成功的秘诀》

里分析当代英国顶尖富豪的成功秘诀时指出:"如果将他们的成功归结于深思熟虑的能力和高瞻远瞩的思想,那就失之片面了。他们真正的才能在于审时度势后付诸行动的速度。这才是他们最了不起的,才是使他们出类拔萃,位居实业界最高、最难职位的原因。'现在就干,马上行动'是他们的口头禅。"

机遇是一种稍纵即逝的东西,而且遇到机遇也并非易事,因此,不可能每个人什么时候都有机遇可抓。在机遇还没有来临时,最好的办法就是:等待,等待,再等待,在等待中为机遇的到来做好准备。

没有速度,很多时候就没有主动权

有时,同样一个机遇既可以属于你,也可以属于他,这就看谁能捷足先登了。捷足先登,靠的是速度,即所谓兵贵神速。《孙子·虚实篇》说:"凡先处战地而待敌者佚,后处战地而趋战者劳。"意思是说,凡先到达战地等待敌人的,就可从容主动;反之,仓促应战的只能疲劳被动。

一天黄昏,井植熏在马路上骑车,因为他的自行车车尾没有反光板而被警察严厉地教育了一番。回来的路上,井植熏不断地回想着警察的话:"这是法律规定的,这是法律规定的……"突然,一个想法出现在他的脑海中:"真要是这样的话,那可就是一桩好买卖呀。全国大约有1 000万辆自行车,每辆自行车都需要反光板,这个市场太大了。"他想起在三洋的车间里还堆放着大量的钢片边角料,以往这些材料都是当废品卖掉的,若是用它们来生产自行车车尾反光板的底板和边框,真是再合适不过了。这个想法一出现,他便立刻采取了行动。第二天,他打电话到东京，询问红色玻璃的价格。他粗略地估算了一下成本，大约每个反光板需要18元，而当时市面上出售的用黑铁皮做的反光板价格是28元，他完全有占领市场的优势。

很快，三洋生产的钢框反光板面市了，很快超过了马莫尔和松下等老牌子，几乎独占了整个市场。三洋公司也从此逐渐发展壮大起来。

企业为了在竞争中取胜，都会研究新技术、开发新产品，这些研究和开发常常是并行的。竞争的现实反复表明，谁先研究成功，谁先运用于实际，谁先满足市场的需要，谁就是该项技术和产品的"主人"；同类、同质、同价产品，谁先把它投进市场，谁就能控制市场的"制高点"，取得主动权。时间上的抢先，等于先摘到了机遇的桃子，意味着可在一定期间对市场进行"垄断"。

1983年第一季度，香港有线电话机出口达1亿8600万港元之多，比上年同期增长19倍。快速应变是他们获得这笔巨利的最重要原因。原来，美国政府曾经规定，电话机只能由美国电话电报公司出租，不能销售，私人购买电话机是违法行为。1982年，美国政府取消了电话电报公司的专利权，允许私人购买。这样一来，美国8 000万个家庭及其他公私机构，就成了电话机的潜在买主。香港厂商听说美国电话机市场突然兴旺，就把原来生产收音机、电子表的厂家快速转产，生产电话机，迅速扑向美国电话机市场，结果出师大捷。

在信息时代，想要抓住机遇、获得成功更要讲究时间。时间就是生命，时间就是金钱，时间就是成功。谁能够最先产生好的主意并将其付诸实践，谁先一步抢占市场，谁的收益就大，利润就高。看一看今天的电子产品更新换代的速度，就可见一斑了。

《孙子·势篇》说:"激水之疾,至于漂石者,势也;鸷鸟之疾,至于毁折者,节也。是故善战者,其势险,其节短。势如弓弩,节如发机。"这段话是说,用兵应造成一种险峻的态势,这种态势像湍急奔流的水、像速飞猛击的鹰、像张满的弓弩,其所发出的节奏,是短促的。有这样险疾的态势,"鹰隼一击,百鸟无以争其势;猛虎一奋,万兽无以争其威"。"水之漂石""鹰之一击",牵涉到"疾"与"节"这两个因素。我们在捕捉机遇时,除了"疾"——快速以外,还要有节奏、节量。你看:鹰之擒鸟雀,必节量远近;虎之猎麋鹿,必先踞后跃奋之。抓机遇,要善于权衡,力争不失时机,不耗"无用之饵",该张时则张,该弛时则弛。时不至不可强生,事不究不可强威。"疾而有节",就能把握机遇。

简言之,要快速,要有节,要有度,要机智,会应变。

小心夜长梦多

兵家常说:"用兵之害,犹豫最大也。"实际上,犹豫不决、当断不断的祸害,不仅仅表现在战场上,在现代的商业战略上又何尝不是如此?商战之中,机不可失,时不再来,如果犹豫不决、当断不断,那你在商场上只会一败涂地。因此,斩钉截铁、当机立断,已成为当代企业家的成功秘诀之一。当然,这里的当机立断,首先指的是认准行情、深思熟虑后的果敢行动,而不是心血来潮或凭意气用事的有勇无谋之举。宋人张泳说:"临事三难:能见,为一;见能行,为二;行必果决,为三。"当机立断的另一方面,并非仅仅指进攻和发展。有时,按兵不动或必要的撤退也是一种果敢的行为,该等待观望时就应按兵不动，该撤退时就立即撤退。

最让人感慨的当是"夜长梦多"这一俗语了。夜长梦多，指的是做某些事时，如果历时太长或拖得太久，就容易出问题。"夜长"了，"噩梦"就多，睡觉的人就会受到意外的惊吓，从而降低睡眠的质量。同理，做事犹犹豫豫，久不决断，也会错失良机。"失时非贤者也"。

《史记》中有"兵为凶器"的说法。意思是说，不在万不得已时，不得出兵；但是，一旦出兵就得速战速决。"劳师远征"或"长期用兵"，每每带来的都是失败。

中国人向来推崇从容自若、慢条斯理的做事态度和大难临头、"刀架脖子上"也能泰然处之的姿态。能够做到这样，才算得上气宇轩昂的君子。然而，这并不是说中国人就喜欢做事拖拉，或不善于抓住战机。事实上，中国人在追求和谐、宁静、优雅的同时，无时不在潜心于捕捉机遇。

古时有一种"无为而治"的政治哲学。从表面上看，它似乎也是优哉游哉的处世信条，但就其内涵而言，远非字面那么浅显。

打个比方，一个车轮，加速旋转，似乎就看不到它在旋转了，甚至看到的是在倒转。"无为"就是这种状态，"无为"才能"无不为"。因此，做事应快速决断，不要犹豫、踌躇。

千万不要找借口而拖延时间

借口是无能者的盾牌。只有无能者才喜欢使用借口，以此来掩饰自己的无能。借口是盾牌，但它是最脆弱的盾牌，最不堪一击。这个盾牌是自欺欺人的盾牌。一无所有的人，同时也是借口最多的人。因为借口让他失去了一切。

借口是无能者随时给自己留的一条退路,退路的尽头就是万丈深渊。所以,喜欢找借口的人最后总是面临绝境。借口是慢性毒药,它会在你不知不觉中扼杀你的希望、你的梦想、你的勇气、你的斗志、你的自尊,最后让你的生命之树枯萎。所以说,借口多的人是最无能的人。如果你能将借口永远地抛弃,即使你现在一无所有,最终也会拥有你所梦想的一切。

托马斯·爱迪生先生曾经说过:"世界上最重要的东西就是时间,拖延时间就是浪费生命。"当然,成功人士都是这么认为的,而这种看似浅显的认识却对我们每个人提高时间的利用率具有非常大的帮助。

找借口是世界上最容易办到的事情之一,因为我们可以在不同的时间、不同的地点,找到很多的借口去自我安慰,去掩饰自己的过错。在工作和生活中都是这样,有的人常常把"拖延时间"归咎于外界因素,总是要去找一些敷衍上司或者其他人的借口,其实这些人最终是在敷衍自己。拖延时间的是自己,由此而受害的人也必然是自己。

不管是在工作中还是在生活中,遇到困难或不容易完成的事情时,我们很习惯地替自己找各种各样的借口。在这种情况下,工作要么无法按时完成,要么根本就不能完成。工作就意味着责任,借口却让我们忘却了自己的责任,使我们在工作中不能全力以赴。久而久之就形成了习惯,一旦有了困难就会替自己找借口。这样发展下去是非常可怕的。我们要重新审视自己,找正自己的位置,带着热情全身心地投入工作、学习中去,不找任何借口,做一个最优秀的员工。

千万不要总找借口而拖延时间,我们工作的第一步就是"开始",即使心存恐惧也必须这样做。

凡事都留待以后处理的态度是一种不好的工作习惯。有的人每当要付出劳动或要做出抉择时,总会为自己找出一些借口来安慰自己,总想让自己轻松些、舒服些。奇怪的是,这些经常喊累的拖延者,却可以在健身房、酒吧或购物中心流连数个小时而毫无倦意。但是,看看他们上班的模样吧!你是否常听他们说:"天啊,多么希望明天不用上班。"带着这样的念头从健身房、酒吧、购物中心回来,他们只会感觉工作压力越来越大。

拖延的背后是人的惰性在作怪,而借口是对惰性的纵容。你是否有这样的经历?清晨,闹钟将你从睡梦中惊醒,想着该起床了,一边又不断地给自己寻找借口"再等一会儿",于是又躺了5分钟,甚至更久……

岁月匆匆,我们都应该想想自己的生命还剩下多少时间,从现在起,立即拒绝拖延,提升工作效率,从而给自己腾出更多的私人空间,在这个竞争激烈、日新月异、千变万化的世界中享受工作、享受人生。

及时抓住机会

居里夫人说:"弱者等待时机,强者创造时机。"这真是一句至理名言。

下面是关于林语堂的一则故事:

有一天,一位先生宴请美国名作家赛珍珠女士,林语堂先生也在被请之列,于是就请求主人把他的席次排在赛珍珠旁边。席间,赛珍珠知道座上多系中国作家,就说:"各位何不以新作供美国出版界印行,本人愿为介绍。"

当时,座上人都以为这只是客套话而已,故未予注意,独林语堂当场一口答应,归而以两日之力,搜集其发表于中国之英文小品成一巨册,而送之赛珍珠,请为斧正。赛因此对林语堂印象至佳，其后乃以全力助其成功。

据说，当日座上客中尚有吴经熊、温源宁、全增嘏等先生，以英文造诣言，均不下于林语堂，如他们亦若林氏之认真，而亦能即日以作品送给赛氏，则今日成功者未必为林氏也。

由这则故事看来，一个人能否成功，固然要靠天赋，要靠努力，但善于创造时机，及时把握时机，不因循，不观望，不退缩，不犹豫，想到就做，有尝试的勇气，有实践的决心，这许多因素加起来就可以造就一个人的成功。所以，尽管说，有的人的成功在于一个很偶然的机会，但认真想来，这偶然的机会能被其发现，被其抓住，而且被其充分利用，却又绝不是偶然的。

因循等待是人们失败的最大原因，所以"弱者等待时机，强者创造时机"。所谓"创造时机"，不过是在万千因子运行之间，努力加上自己的这万分之一的力量，希图把"机会"的运行造成有利于自己的一刹那而已。林语堂的故事，可以说是一个最好的证明。

另外，还有一个广为流传的故事。

有位知名哲学家，天生一股特殊的文人气质。某天，一个女子来敲他的门，她说："让我做你的妻子吧！错过我，你将再也找不到比我更爱你的女人了！"哲学家虽然也很中意她，但仍回答说："让我考虑考虑！"

事后，哲学家用一贯研究学问的精神，将结婚和不结婚的好坏所在分别列下来，发现好坏均等，一时真不知该如何抉择。于是，他陷入长期的苦恼之中，无论他找出什么新的理由，都只是徒增选择的困难而已。最后，他得出一个结论——我该答应那女人的请求。

哲学家来到女人的家中，问女人的父亲："你的女儿呢？请你告诉她，我考虑清楚了，我决定娶她为妻！"女人的父亲冷漠地回答："你来晚了十年，我女儿现在已是三个孩子的妈了！"哲学家听后，整个人几乎崩溃，他万万没想到，向来引以为傲的哲学头脑，换来的竟是一场悔恨。尔后，哲学家抑郁成疾，临死前，只留下一段对人生的批注——如果将人生一分为二，前半段的人生哲学是"不犹豫"，后半段的人生哲学是"不后悔"。

机会是纷纭世事之中的许多复杂因子在运行之间偶然凑成的一个有利于你的"空隙"。这个"空隙"稍纵即逝，所以，要把握时机就需要眼明手快地去"捕捉"，而不能坐在那里等待或因循拖延。

西方谚语说："机会不会再度来叩你的门。"这并非说它架子大，而是它也被操纵着拥挤于万事之间，身不由己。

徘徊观望是我们成功的大敌。许多人因为对已经来到面前的机会没有信心，而在犹豫之间把它轻轻放过了。"机会难再"，即使它肯再次光临你的门前，但假如你仍没有改掉徘徊观望的毛病的话，它还是会照样溜走。行动慢，等于没有行动。

想到就要做到

你在日常生活中是否想到某件事就马上去做了呢？现实中，有许多应该做的事却没有做，不是没有想到，而是没有立刻去做。时间一过，就把它忘了。

有时是因为忙，有时是因为懒。想到某一件事该做，但当时没有时间，于是想，"等一下再说吧"。但"等一下"之后，却因其他事务分神，就忘了，或者事过境迁，失去当时的时机了。

如果想提高做事效率，最好"想到就做"。事情未能随到随做，随做随了,却都堆在心上,既不去做,又不能忘,实在比多做事情更加令人疲劳。

做事有始无终,会使自己有负债之感。无论大小事,既已开始,就应勇往直前地把它做完。古时老师教弟子写字,无论有什么事打扰,也不准把一个字只写到一半就停。即使这个字写错了,也要把它写完再涂改。这正是在教人不能忽视任何小事的最好例证。在日常小事中养成有始有终的好习惯,将来做事才不会轻易半途而废。

假如你有未完成的工作、未缝完的衣服、未写成的稿件等,希望你把它们找出来整理一下,安心把它们完成。而完成之后,你会非常快乐。当它们未完成时不过是些废物,而当它们完成之后,就会成为漂亮的成品和可观的成绩,那种意料之外的成功,更会令你惊奇。只要你肯多付出一分心力和时间,就会发现,自己实在有许多未曾使用的潜在本领。有些人在面对一项新的工作时,会因它的繁重与困难而心情紧张、沉重、不安。祛除这种情绪的办法,就是立刻着手去做这件事,之后你会发现,这事并非想象的那么困难,从而对自己也有了信心。

"想到就做"不是一件难事,它只需要你有信心。但是,一件事情开始之后,是否能够有始有终,则要靠毅力与恒心,很多人往往凭一股冲力做了一阵儿,然后就渐渐觉得厌倦;再遭遇一点儿困难或外力的干扰,这时,不但兴趣消失,信心也没有了。很多工作多因此而中途停顿。而只是那些能克服这种障碍的才是成功的人。

开始一件工作,所需的是决心与热忱;完成一件工作,所需的是恒心与毅力。缺少热忱,则工作无法启动。只有热诚而无恒心与毅力,工作也是不能完成的。

敢想敢做就能成功。"想到就要做到!"希望那些还没有成功的人不要把它仅仅作为响亮的口号。

犹豫不决几乎是你能犯得最坏的错误

对于你想做的并认为是正确的事情,行动越快越好。

如果你在小事上也犹豫不决,难下决心而痛苦,害怕选择到错误的方案,那你就要记着:"犹豫不决几乎是你能犯的最坏的错误。"如果你选择一项看起来比较好的方案,有信心地宣布出来,并且全速实行,那你得到的结果,通常都比长期难以下决定而痛苦要好得多。

某些决定,例如要不要换工作,明显地需要多多考虑,而不应该草率决定。但是去了解到实际情况后,就可以下决心去做,停止在利弊之间摇摆,而要把全部精力用于实现这个决定。

至于小的决定——我们每天都会遇到各种寻常的决定——一般而言,是下得愈快愈好。如果你要拖延到"全部"异议都克服以后才下决定,就永远不能做好事情。

成功的人并不是在问题发生以前先把它统统消除,而是一旦发生问题时,有勇气克服种种困难。我们对于一件事情的完美要求必须折中一下,这样才不至于使自己陷入行动以前永远等待的泥沼中。当然,最好是有逢山开路、遇水架桥的那种大无畏的精神。

当我们决定一件大事时,心里一定会很矛盾,会面对到底要不要做的困扰。下面的实例是一个年轻人的选择,他没有抱怨,而是立即去做,最终大有收获。

杰米先生是个普通的年轻人,有太太和小孩,收入并不多。他们全家住在一间小公寓里,夫妇两人都渴望有一套自己的新房子。他们希望有较大的活动空间、比较干净的环境、小

第三章 有些时候，一定要快一点儿

孩有地方玩，同时也增添了一份产业。

买房子的确很难，必须有钱支付分期付款的首付款才行。有一天，当杰米签署下个月的房租支票时，突然很不耐烦，因为房租跟新房子每月的分期付款差不多。

杰米跟太太说："下个礼拜我们去买一套新房子，你看怎样？"

"你怎么突然想到这个？"她问，"开玩笑！我们哪有能力！可能连首付款都付不起！"

但是他已经下定决心，"跟我们一样想买一套新房子的夫妇大约有几十万，其中只有一半能如愿以偿，剩下的一半一定是什么事情使得他们打消了这个念头。我们一定要想办法买一套房子。虽然我现在还不知道怎么凑钱，可是一定要想办法。"

下个礼拜他们真的找到一套两人都喜欢的房子，朴素大方又实用，首付款是1 200美元。

现在的问题是如何凑够1 200美元。他知道无法从银行借到这笔钱，因为这样会妨碍他的信用，使他无法获得一项关于销售款项的抵押借款。

可是"皇天不负有心人"，他突然有了一个灵感：为什么不直接找包销商谈谈，向他借私款呢？他真的这么去做了。包销商起先很冷淡，由于杰米一再坚持，他终于同意了。他同意杰米把1 200美元的借款按月偿还，每月100美元，利息另外计算。

现在杰米要做的是，每个月凑出100美元。夫妇两个想尽办法，一个月可以省下25美元，还有75美元要另外设法筹措。

这时杰米又想到另一个点子。第二天早上他直接跟老板解释这件事，他的老板也很高兴他要买房子。

杰米说："T先生（就是老板），你看，为了买房子，我每个月要多赚75美元才行。我知道，当你认为我值得加薪时一定会加，可是我现在很想多赚一点儿钱。公司的某些事情可

-59-

别让拖延毁了你的人生

能在周末做更好,你能不能让我在周末加班呢?有没有这个可能呢?"

老板被他的诚恳和雄心感动,最后真的找出许多事情让他在周末工作 10 小时,他们因此欢欢喜喜地搬进了新房子。

这个实例可以归纳为三点:

第一,杰米的决心燃起了灵感的火花,因而想出了各种办法来实现他的心愿,而不是妒忌那些住进新房的人。

第二,由此,他的信心大增,下一次决定什么大事时会更容易、更顺手。

第三,他提高了家人的生活水准。如果一直拖延,直到所有的条件都解决时,很可能永远买不起房了。

有的人总想等条件都十全十美后再动手,结果由于实际情况与理想永远不能相符,所以只好一直拖下去了。看来,埋怨,除了说明自己无能外,不能说明别的。其实,我们在埋怨社会、埋怨他人的同时,更应该客观地、公正地认识自己,认识到自己为什么不能很好地适应社会,为什么人家行而自己却不行。

第四章 聪明人都会找到自己的方向

目标能够为你提供工作的中心,使你的工作不会发生偏离;能够使你确定事物的轻重缓急,对于不太重要的问题能够予以拒绝;能够使你缩小范围,确定明确的努力方向;能够让你明确追求的是什么;能够让你思考自己的价值,强迫自己思考最重要的问题。因此,制定明确的目标对于克服拖延具有极其重要的作用。从现在开始,把你期望实现的目标明确下来,马上采取行动,朝着正确的方向前进吧。

想成功就要设定明确目标

你过去或现在的成就并不重要,将来想要获得什么成就才最重要。

目标是对所期望成就事业的真正决心。目标比幻想更贴近现实,因为它似乎易于实现。没有目标,就不可能去做任何事情,也不可能采取任何步骤。如果一个人没有目标,就只能在人生的旅途上徘徊,永远到不了任何地方。正如空气对于生命一样,目标对于成功也有绝对的必要性。如果没有空气,没有任何人能够生存;如果没有目标,没有任何人能够成功。所以,对你"想去的地方"先要有个清楚的认识。

如果你希望10年以后变成什么样,现在就必须变成什么样,这是一种重要的想法。就像没有计划的生意将会失败(如果还能存在的话)一样,没有生活目标的人也不会成功。因为没有了目标,我们根本无法成长。

确定自己的目标的确是不容易的,它甚至会包含一些痛苦的自我考验。但无论付出怎样的努力,都是值得的。

第一个巨大的好处就是你的潜意识开始遵循一条普遍的规律进行工作。这条普遍的规律就是:"人能设想和相信什么,人就能用积极的心态去完成什么。"如果预想出你的目的地,你的潜意识就会受到这种自我暗示的影响,它就会进行工作,帮助你到达那儿。

如果你知道你需要什么,就会有一种倾向:试图走上正确的轨道,奔向正确的方向。于是你就开始行动了。

现在,你的工作变得有乐趣了。你因受到激励而愿意付出代价。你能够预算好时间和金钱了。你愿意研究、思考和设计你的目标了。你对目标思考得愈多，就会愈热情，你的"愿望"就会变成"热烈的愿望"。

你对获取机会变得很敏锐了，这些机会将帮助你达成目标。由于你有了明确的目标，你知道你想要什么，也因此就很容易察觉到相关的机会。

在每个人的内心，失败的种子永远存在着，除非人能将它清除出去。一个人体验到空虚之后，空虚就会成为避免努力、避免工作、避免责任的方法，也因此成为不创造性生活的理由与借口。如果一切皆空，如果太阳底下没有新奇的事物，如果怎么也找不到乐趣，我们何苦自找麻烦？何苦竭尽心力？如果人生只像一家纺织厂——我们每天工作8小时，只是为了能有一间睡觉的房子；每天睡眠8小时，只是为了第二天的工作准备精力——我们又何苦兢兢业业？但是，这些是不存在的，只要我们不再绕着它转圈子，选择一个值得奋斗的目标去追求，我们就能体验到乐趣与满足。

设定明确的目标，是所有成就的出发点。有些人之所以失败，就在于他们从来都没有设定明确的目标，并且也从来没有踏出第一步。

当你研究那些已获得成功的人物时，你会发现，他们每一个人都各有一套明确的目标，都已订出达到目标的计划，并且花费最大的心思和付出最大的努力来实现他们的目标。卡耐基原本是一家钢铁厂的工人，但他凭着制造及销售比其他同行更高品质的钢铁的明确目标，成为全国最富有的人之一，并且有能力在全美国的小城镇中捐盖图书馆。他的明确目标已不只是一个愿望，而是形成了一股强烈的欲望。因此，只有发掘出你的强烈欲望才能使自己获得成功。

从明确目标中会发展出自力更生、个人进取心、想象力等优点，并将它们纳入成功的计划中。

除此之外，明确目标还具有下列优点。

专业化

明确目标会鼓励你的行动专业化，而专业化又会促使你的行动达到完美的程度。你对于特定领域的领悟能力，以及在此领域中的执行能力，深深影响你一生的成就。明确目标就好像一块磁铁，它能把取得成功所必备的专业知识吸到你这里来。

预算时间和金钱

一旦你确定了明确的目标之后，就应开始预算你的时间和金钱，并安排每天应付出多少努力，以期达到这个目标。由于经过"时间预算"之后，每一分每一秒都有进步，故"时间预算"必然会为你带来效益。同样，金钱的运用也会有助于明确目标的达成，并确保你顺利地迈向成功。

对机会的警觉性

明确目标会使你对机会抱有高度的警觉性，并促使你抓住这些机会。

柏克是一位移民到美国、以写作为生的作家，他在美国创立了一家以写作短篇传记为主营业务的公司，并雇有6人。

有一天晚上，他在歌剧院发现节目表印制得非常差，也太大，使用起来非常不方便，而且对人一点儿吸引力也没有。当时他就产生了制作面积较小、使用方便、美观，而且文字更吸引人的节目表的念头。

于是，第二天，他准备了一份自己设计的节目表小样，给剧院经理过目，说他不但愿意提供品质较佳的节目表，同时还愿意免费提供，以便取得独家印制权——而节目表中的广告收入，足以弥补这些成本，还能使他获利。

如果你能像发现别人的缺点一样快速地发现机会的话，你就能很快成功。

决断力

成功的人能迅速做出决定,并且不会经常变更;而失败的人做决定时往往很慢,且经常变更决定的内容。

现实中有很多人从来没有为一生中的重要目标做过决定,他们就是无法自行做主并且贯彻自己的决定。

若能事先确定你的目标,将有助于你做出正确的决定,因为你可以随时判断所做的决定是否有利于目标的达成。

合作

明确目标可使你的言行和性格散发出一种信赖感,这种信赖感会吸引他人的注意,并促进他人与你合作。

那些无法决定自己重要目标的人,会受到那些自行做出决定的人的鼓舞,而那些少数已踏上成功之路的人,会辨认出谁才是成功之路上的伴侣,并且愿意帮助他们。

信心

明确目标的最大优点就是它能使你敞开心胸接纳"信心"这项特质,能使你的心态变得积极,并能使你摆脱怀疑、沮丧、犹豫不决和拖延的束缚。

成功意识

和信心关系密切的一项优点是成功意识,这种意识能使你的脑海里充满成功的信念,并且拒绝接受任何失败。

设定目标有利于成功

奥里森·马登强调,目标对我们来说太重要了。他对年轻人说:"你不仅要有一个人生目标,也应该有日常目标,那就是每天一个目标。"

别让拖延毁了你的人生

　　日常目标也许不是什么宏图大业，也不是高远的志向，仅仅是完成一件平常的事情，但你今天一定要去完成它，这样你才能感到满足和快乐。

　　一幅画你也许得画许多天，甚至许多年，即便如此它也不是杰作，可这并不要紧，问题是：你是不是把你的精力画进去了？这幅画比起你上次所画的，是不是付出得更多？你要不要将它装框，挂在你的客厅之中？不吗？嗯，这回也许可以挂在你的卧室里，下次再挂在客厅里。

　　你要不停地前进，尽力把每一件事情做好。进一步说，假如你还没有目标，仍不妨继续前进——自然会有目标与你并肩而行。

　　一位著名的整容医师讲了这样一件事：

　　得克萨斯州休斯敦市的两位女士写信给我，说她们读了一些有关成功的书籍之后，便开始运用其中的原理。她们在信中表示，我为她们找到了可能的新境界，使她们尝试了以前连想也不敢想的计划。

　　她们知道了行事的限制，于是又划定了事业发展的范围，因此，她们得以自由自在地去从事下列的事情：

　　写一本儿童读物；

　　写一部剧本；

　　写一部神秘小说；

　　筹建一个公司；

　　想了两个新的游戏方案，准备投给杂志。

　　所有这一切，她们仅仅花了一年的时间。

　　"我们两个都有全天上班的工作。"她们说，"请不要叫我们慢慢来，我们在享受我们人生的乐趣……如果遭遇阻碍，我们会想办法——办法自会出来……我们认为，所有的这一切，都应该感谢你……"

她们自己设定目标后，克服了一直无法克服的实际困难，大大地感到了使她们向前迈进的价值，最后又让机遇在她们的创造能力范围之内发生了作用。

你也许没有像她们那样设定那么多的目标，也没有她们那样雄心勃勃，不过，你和她们一样拥有成功潜力，要把它发挥出来，而不要阻塞它。

上天让你生存于世上，并非叫你郁郁寡欢；上天给了你获得成功的冲力，你必须加以运用。

假如你有困难，假如你遭遇了障碍，那只说明你和大多数人一样。海伦·凯勒的故事尽人皆知，她克服了机能上的障碍，获得了不可思议的成就。你也许不知道著名的护士南丁格尔，她原先患了很重的忧郁症，但她的慈善服务使她相信：她并不是在垂死之中。

只要你相信自己，去做你想要做的事情，你的成就将会使自己感到惊奇。

远大的目标从来不是一蹴而就的

设定的目标要具体，也就是说，你必须确定你所要求财富的数字，不能太过空泛，如我这一生决心要赚多少钱。一定要明确，不能只停留在"我想拥有许多许多的钱"上。

当然，远大的目标，从来不可能是一蹴而就的。为了实现远大的目标，你还得建立相应的中期目标与近期目标，由近期目标逐步向中期目标推进，使自己切切实实地看到财富的积累与增多，从而增强成功创造财富的希望，并最终达到创造财富的目的。

别让拖延毁了你的人生

在半个世纪前，洛杉矶郊区有个没有见过世面的孩子，才15岁，拟了个题为《一生的志愿》的表格，表上列着下列内容：

"到尼罗河、亚马孙河和刚果河探险；登上珠穆朗玛峰、乞力马扎罗山和麦特荷恩山；驾驭大象、骆驼、鸵鸟和野马；探访马可·波罗和亚历山大一世走过的路；主演一部像《人猿泰山》那样的电影；驾驶飞行器起飞、降落；读完莎士比亚、柏拉图和亚里士多德的著作；谱一部乐谱；写一本书；游览全世界的每一个国家；结婚，生孩子；参观月球……"

他把每一项都编了号，共有127个目标。

当他把梦想庄严地写在纸上之后，便开始循序渐进地实行。16岁那年，他和父亲到佐治亚州的奥克费诺基大沼泽和佛罗里达州的埃弗洛莱兹探险。他逐个逐个地按计划实现了自己的目标，49岁时，他完成了127个目标中的106个。

这个美国人叫约翰·戈达德。

他一步一步、不畏艰难地努力实现包括游览长城（第40号）及参观月球（第125号）等目标。

你如能像他一样，有一天，你也会发现自己是那个走得最远的人！目标，是一个人未来生活的蓝图，又是人的精神生活的支柱。

爱因斯坦为什么年仅26岁时就能在物理学的几个领域做出第一流的贡献？

美国波士顿大学生化教授阿西莫夫为什么能够写出200余部科普著作？

达·芬奇为什么能成为"全才"？

仅仅是由于他们的天赋吗？试想，当时爱因斯坦20多岁，学习物理学的时间不算长，作为一个业余研究者，他的时间更是极为有限。而物理学的知识浩如烟海，如果他不是运用直接目标法，就不可能在物理学的三个领域都取得第一流的成就。他在《自述》中说：

"我把数学分成许多专门领域，每一个领域都能费去我的短暂的一生……物理学也分成了各个领域，其中每一个领域都能吞噬我短暂的一生……可是在这个领域里，我不久就能够识别出那种深邃的知识，而把其他许多东西撇开不管，把许多充塞脑袋并偏离主要目标的东西撇开不管。"

爱因斯坦的做法有哪些好处呢？

其一是可以早出成果，快出成果。

其二是有利于高效率地学习，有利于建立自己独特的最佳知识结构，并据此发挥自己过去未发挥的优点，使独创性的思想由此产生。

这种方法还可以使大胆的"外行人"毅然闯入某一领域并使之得以突破。

DNA双螺旋结构分子模型的发现就是有力的例证：

DNA双螺旋结构分子模型被誉为"生物学的革命"，是20世纪以来生物科学领域最伟大的发现，它的发现者是沃森和克里克。两人当时都很年轻（沃森当时仅25岁），而且都是半路出家。他们从认识到合作，从决定着手研究到提出DNA双螺旋结构分子模型，历时仅仅一年半。可以说，如果沃森他们不是直逼目标，是不可能在短短的时间内获得如此巨大的成就的。

对准创造目标并不意味着没有一点儿知识也可以进入创造状态，而是指只有在某个阶段内集中精力掌握某一领域所具备的知识，才能较快地取得成果。

当有令你朝思暮想渴望得到的东西时，你应该怎么办呢？

"罗马不是一天之内建成的！"你一定听过这句话，也一定从这句话中很清楚地知道了凡是杰出的成就都是经过多年努力才能获得的道理。

别让拖延毁了你的人生

一切有志者都想成功,憧憬着"一步登天"。但要把美好的理想转化为现实,尚须付出艰辛的劳动。那么,为什么还要抱怨"我不会一鸣惊人,不是举足轻重的人物,不够聪明"呢?

体育运动员在一个赛季开始之前,他们都要长年累月地进行训练。通过训练,他们改进自己的不足之处,力求每天都能提高一步,这样,到了比赛那天,他们才可能创造出好的成绩。

每个人的成功也只能如此:付出代价。这个代价就是时间,就是耐心和努力。

诺贝尔生理学或医学奖得主托马斯·高特·摩尔根说得好:"不要把志向立得太高,太高近乎妄想。没有人耻笑你,而是你自己磨灭了目标。目标不妨设得近点,近了,就有百发百中的把握。标标中心,志必大成。"

有这样一个有趣的故事:有个小孩在草地上发现了一个蛹。他捡回家,要看蛹如何羽化成蝴蝶。过了几天,蛹上出现一道小裂缝,里面的蝴蝶挣扎了好几个小时,身体似乎被什么东西卡住了,一直出不来。小孩子看了不忍,心想:"我必须助它一臂之力。"所以,他拿起剪刀把蛹剪开,帮助蝴蝶脱蛹而出。但是此时的蝴蝶身躯臃肿,翅膀干瘪,根本飞不起来。因此这只蝴蝶注定要拖着笨拙的身子与不能丰满的翅膀爬行一生,永远无法飞翔了。

这个故事说明了一个道理:每个生命的成长都有个瓜熟蒂落、水到渠成的过程。著名整形外科医生马克斯韦尔·莫尔兹博士在《人生的支柱》中说:"任何人都是目标的追求者,一旦达到目标,第二天就必须为第二个目标动身起程了……人生就是要我们起跑、飞奔、修正方向,如同开车奔驰在公路上,有时可以偶尔在岔道上稍事休整,之后便又得继续不断在大道上迅跑。"

从认识现在开始，我们就不会迷失自己

制定目标时，不仅要考虑未来的情况，而且要考虑目前的情况。目前的情况，是制定目标的动因。如果目前的情况很好，何必要画蛇添足地制定什么新的目标呢？虽然进取心人人应有，但也不可盲目进取，甚至舍弃好的，舍弃自己的优势，而去做得不偿失的事情。劳伦斯·彼得说：最大的危险是不知道自己现在所处的地位，这一点会使你成为一个能力有限、没有自我意识的"才华横溢"之士。

本来，有的人的处境已经十分不错了，却在误用的"进取心"的支配下，或者在缺乏自我意识的情况下，喜欢随大流。结果，盲目地制定目标，盲目地实施目标，适得其反地实现目标。最终，目标实现了，原来的优势却丧失了，实现目标后得到的却是后悔和沮丧。

劳伦斯·彼得说，很多人就是这样，常常迷失自己。本来，他应该在下一个十字路口往西走。到了十字路口，却因为看见东边的马路上车水马龙、人头攒动，竟跑过去凑热闹。结果，他以暂时的满足换来了长久的不快乐。因此，在制定目标的时候，切忌盲目，切忌人云亦云，切忌赶时髦、随大流。从这个意义上说，制定目标的一个重要前提是正确认识现在。

为了更好地认识现在，你可以接受一下"现状满意检测"。这一方法可分为以下三个步骤：

第一个步骤是在纸上写下目前生活中有哪些是你不喜欢的（也就是打算改变的事物）。在回答这一问题的时候，可以列出一张清单，把目前不喜欢的事情——列举，诸如：

"收入太少，支出太多，入不敷出。"

"我觉得自己在目前的岗位上是大材小用，无法发挥个人的才干。"

"工作时间太长，和家里人相处的时间太少。"

"住宿环境太嘈杂。"

……

第二个步骤是回答目前的生活中哪些是你所喜欢的（打算保留的事物）。对这一问题同样要做出具体明确的回答。比如可以在纸上写下：

"朋友关系。"

"工作时间有弹性。"

"工作单位不错，领导可以信赖。"

"住房还可以！"

"都市生活丰富多彩！"

……

有什么样的目标就有什么样的人生

你还能回忆起阿拉伯神话传说《一千零一夜》吗？你最喜欢哪一个故事？是"阿拉丁神灯"吗？相信你也曾一度渴望拥有这样的神灯，只需用手轻轻一擦，就有一个神仙出现，使你心中的愿望得以实现。现在告诉你一个秘密，在你身边就有一个"神仙"，能够帮助你实现多个愿望。

现在你就可以指挥你身边的神仙，你一定要下决心去叫醒它，它能给你的人生带来极大好处。只要你不束缚住自己的想象力，只要你有决心，那么，你的梦想早晚会成真。

常常有人说："我的麻烦出在没有目标上。"他的话表明了他不明白目标的真实含意。实际上,逃避痛苦走向快乐就是我们人生的目标。

令人遗憾的是,许多人所向往的目标只不过是付清烦人的账单而已,如果一个人落到这种地步就不必谈论成功了。

我们须牢记,有何种目标就有何种人生,目标对于我们的人生而言就似播下的种子,只要条件适宜,自然长得奇快。

今天就请你立下恒心,定出一个值得你去追求的人生目标吧!

有一个成长在旧金山贫民窟的小男孩,小时因为营养不良而患上了软骨病,6岁时,双腿因病变成弓字形,严重的是小腿肌肉在进一步萎缩。

但是他从小心中就有一个天方夜谭般的梦想,就是将来要成为美式橄榄球的全能球员。他是传奇人物吉姆·布朗的球迷,每逢吉姆所属的客利福布朗士队和旧金山四九人在旧金山举行比赛时,小男孩都不顾双腿的不便,一拐一拐地走到球场去为吉姆加油。他太穷了,根本买不起门票,只好等到比赛快要结束时,趁工作人员推开大门之际混进去,观赏最后几分钟。

在他13岁时,在布朗士队与四九人比赛之后,他终于在一家冰激凌店与心中偶像碰面,这是他多年的愿望。他勇敢地走到布朗面前,大声说:"布朗先生,我是你忠实的球迷!"吉姆·布朗说:"谢谢你!"小男孩又说:"布朗先生,你想知道一件事吗?"布朗问:"小朋友,请问何事?"

小男孩骄傲地说:"我记下了你的每一项纪录,每一次运动。"吉姆·布朗微笑着说:"真不错。"小男孩挺直胸膛,双眼放光,自信地说:"布朗先生,终有一天我会打破你的每一项纪录。"

听完此话,吉姆·布朗微笑地对他说:"孩子,你叫什么名字,真是好大的口气!"小男孩十分得意地笑着说:"先生,我叫澳仓索,澳仓索·辛甫生。"

别让拖延毁了你的人生

澳仑索·辛甫生在以后的岁月中正如他少年时所讲，打破了吉姆·布朗一切的纪录，同时又创下了一些新的纪录。

为什么目标能够激励一个患病的人去成为"风云人物"，激发出巨大的能力，使一个人的命运得以改变？

想要把模糊的梦想转化成成功的事实，前提是制定目标，这是整个人生的奠基。目标会指导你的梦想，而坚定的信念便会决定你的人生。

制定目标时存在一个重要规则，那就是它要有一定的难度，初看似乎不会成功，但又对你具有相当的吸引力，愿意一心一意去完成。

一旦我们拥有这动人的目标，再有一定能成功的信心，也就成功了一半。

制定目标后还须行动，而目标的制定过程与你用双眼观察世界有相似之处。即一旦你想接近要被观察的目标，就要尽全力去看，当然，除了目标之外，还包括周围其他事物。

当我们的注意力受到目标的吸引，并朝着我们努力的方向前进时，至于最终成败，则依赖于我们是否选择了一个正确的方向。

很多人就是凭着自己正确的方向而改变了人生，他们的经历不时给我们一些提示，虽然现在我们不能够完成某个目标，但只要方向正确，最后可能达到比原先更远大的目标。已辞世的麦克·莱顿便是其中之一。为什么他生前会得到许多人的喜爱？因为他体现了现代社会最崇高的价值：热心公益事业，重视家庭生活，做人正直，不惧困难和热爱社会。

麦克·莱顿的奋斗经历如同明灯照亮了许多人的人生之路，因而成为受人景仰的英雄。麦克·莱顿生长在一个畸形的家庭，父亲是个犹太人（对天主教徒十分排斥），但母亲却是个天主教徒（十分反感犹太人）。

孩提时，他母亲经常嚷着要自杀，一发火，就拿起吊衣架毒打他。就因生长在那样的家庭，以致他从小身体孱弱、胆小怕事。但后来他在那部叫座的电影——《草原的小房子》——中扮演的那个英尔索家中的家长，坚强而信心十足的个性给大家留给了深刻的印象。麦克的人生为什么会有如此大的转变呢？

高中一年级的某天，体育老师带着麦克所在的班前往操场学习投掷标枪，正是这次经历改变了他的一生。从前，无论他做任何事都是缩首缩脚的，对自己毫无信心，但那天居然出现了奇迹，他努力一掷，标枪超过了所有同学的距离，整整多出30英尺[①]。此刻，他猛然明白自己将会大有作为，后来在接受《生活》杂志采访时他回忆说：

"就在那天我突然醒悟，原来我完全有可能比别人做得更好。随即我便向体育老师借用那支标枪，整个夏天，我在操场上不停地掷。"

麦克找到了让他兴奋的方向，并且全力以赴，最终取得了令人吃惊的结果。暑假结束后，返回学校时他的体格增强了许多，并且在随后的一年中，他特别注重增加重量训练，以提高自己的身体素质。高三时，他参加了一次比赛，创造了全美高中生最好的标枪投掷纪录，这也使他获得了南加州的体育奖学金。用他自己的话说就是：从一只"小老鼠"转变成为"大狮子"。多么贴切啊！

饭要一口一口吃，目标也要逐一实现

没有目标的人注定不能成功，但如果目标过大，你就应学

[①] 1英尺=0.3048米。

别让拖延毁了你的人生

会把大目标分解成若干个具体的小目标,否则,很长一段时期你仍达不到目标,就会觉得非常疲惫,继而容易产生懈怠心理,甚至你可能会认为没有成功的希望而放弃自己的追求。如果分解成具体的小目标,分阶段地逐一实现,你就可以尝到成功的喜悦,继而产生更大的动力去实现下一阶段的目标。不要说"笑到最后才是笑得最好的人",经常让自己笑一笑,分阶段的成功加起来就是最后的成功。

25岁的时候,雷因因失业而挨饿,他白天就在马路上乱走,目的只有一个,躲避房东讨债。

一天,他在42号街碰到著名歌唱家夏里宾先生。雷因在失业前,曾经采访过他。但是令他没想到的是,夏里宾竟然一眼就认出了他。

"很忙吗?"他问雷因。

雷因含糊地回答了他,他想他看出了他的境遇。

"我住的旅馆在第43号街,跟我一同走过去好不好?""走过去?但是,夏里宾先生,几十个路口,可不近呢。"

"胡说,"夏里宾先生笑着说,"只有5个街口。"

"……"雷因不解。

"是的,我说的是第6号街的一家射击游艺场。"

这话有些答非所问,但雷因还是顺从地跟着他走了。"现在,"到达射击场时,夏里宾先生说,"只有11个街口了。"

不多会儿,他们到了卡纳奇剧院。

"现在,只有5个街口就到动物园了。"

又走了12个街口,他们在夏里宾先生住的旅馆前停了下来。奇怪得很,雷因并不觉得怎么疲惫。

夏里宾给他解释为什么不疲惫的理由:"今天的经历,你可以常常记在心里。这是生活艺术的一个教训。无论你与你的目标有多遥远,都不要担心,把你的精神集中在5个街口的距离,别让那遥远的未来令你烦闷。"

在生活和工作中,我们都有自己的目标,达到目标的关键在于把目标细化、具体化。

每一个坚持都是未来成功的资本

坚持,坚持,再坚持,是实现目标的必要条件。成功往往就在"再坚持一下"的努力之中。日本名人市村清池在青年时代担任富国人寿熊本分公司的推销员,每天到处奔波拜访,可是连一份契约都没签成。因为保险在当时是一种很不受人欢迎的行业。

在68天里,他一份契约也没签成,保险业又没有固定薪水,只有少数的车马费,就算他想节约一点儿过日子,仍连最基本的生活费都没有。到了最后,已经心灰意冷的市村清池就同太太商量准备连夜赶回东京,不再继续干保险了。此时,他的妻子却含泪对他说:"一个星期,只要再努力一个星期看看,如果真不行的话……"

第二天,他又重新打起精神到某位校长家拜访,这次终于成功了。后来,他曾描述当时的情形说:"我在按铃之际之所以提不起勇气的原因是,已经来过七八次了,对方觉得很不耐烦,这次再打扰人家一定没有好脸色看。哪知道对方那个时候已准备投保了,可以说只差一张契约还没签而已。假如在那一刻我就这样过门不入,我想那张契约也就签不到了。"

在签了那张契约之后,又接二连三地签了不少契约,而且投保的人也和以前完全不相同,都是主动表示愿意投保,许多人的自愿投保给他带来了无比的勇气与精神,就这样,一月内的业绩就使他一跃而成为富国人寿的佼佼者。

也许你不比别人聪明,也许你有某种缺陷,但你却不一定不如别人成功,只要你多一份坚持,多一份忍耐。

不要轻易放弃

很多有目标、有理想的人,他们工作,他们奋斗,他们用心去想,他们祈祷……但是由于过程太艰难,他们愈来愈倦怠、泄气,最终半途而废。到后来他们会发现,如果他们再坚持久一点儿,更向前瞻望一下,他们就会得到理想的结果。

怎样才能培养出这种不放弃、打不败的精神呢?就是永远不要说失败,因为如果你一再说失败,你很可能会说服自己去接受失败。有了问题,特别是难以解决的问题,可能让你烦恼万分。这时候,有一个基本原则可用,而且永远适用。这个原则非常简单——永远不放弃。

放弃必然导致彻底的失败,而且不只是手头的问题没解决,还导致理想的最后失败,因为放弃会使人产生一种失败的心理。

如果你使用的方法不能奏效,那就改用另一种方法来解决问题。如果新的方法仍然行不通,再换另外一种方法,直到你找到解决眼前问题的钥匙为止。任何问题总有一把解决的"钥匙",只要持续不断地、用心地循着正道去寻找,你终会找到这把钥匙。

雷格几年以前研究出一种供活动房屋用的预制墙壁系统,他组建了一家公司,把他所有的钱都投了进去。但是这种墙壁不够坚固,一经移动就会垮掉。公司因此遭遇到一连串的困难,他的合伙人要求他"埋掉公司",但是他不想放弃。

他是个有积极想法的人,具有牢不可破的信心,也可以说他有打不倒的性格。他认为这一类的困难打不垮他,他说:"我压根儿就没想到'放弃'这两个字。"因此,他用心做合理的、深入的思考,终于想出了办法。他决定设计出一套预制地板系统,来配合他的预制墙壁系统。最后他终于成功了,一家制造活动房子的大公司买下了他的设计。他写信告诉朋友这前后的情形,并且说出了这句了不起的话:"轻易放弃总嫌太早了。"

在一篇文章中,菲丽丝·席模克讨论了"良言"这个观念,以及消极否定的话的危险。例如,她以"不"字为例,"不"表示关上了大门,"不"这个字指失败、垮台、延误。但是把英文"不(NO)"倒过来拼,就有了新希望,因为倒过来拼就成了"继续(ON)",就有了活力和行动了——不懈地"继续"追求你的目标,直到你的问题解决。

她要求我们注意"TFEM(充满)"这个词,我们生活中的每一件事似乎都"充满"了困难,"充满"了遗憾,"充满"了无力感。因此,她建议我们把这个词倒过来,拼成"MEET(迎头处理)"。每一个问题出现的时候,迎头处理,你就不会再充满挫败和失望了。每一项挑战来的时候,若迎头处理,你就会获得很多的成果。

你听过海耶士·钟士的事迹吗?他是1960年跨栏比赛中的风云人物,他赢得了一场又一场的比赛,打破了许多纪录,真是轰动一时。他也因此顺理成章地被选为参加当年在罗马举行的奥运会的选手,参加110米跨栏比赛。全世界都认为他能赢得金牌。

但是,出乎意料,他并没有得到金牌,只得到了铜牌。这当然是个极大的挫折。他的第一个想法是:"怎么办呢?我或许该放弃比赛。"可是，要再过4年才会有奥运会，而且他已经赢得了所有其他跨栏比赛的冠军，何必再受4年更艰苦的训练呢？看来唯一合理的出路是退出比赛，开始在其他事业上寻求发展。

这当然非常合乎逻辑，但是海耶士·钟士却不能安于这种想法。"对自己一生追求的东西，"他说，"你不能够事事讲求逻辑。"因此他又开始了训练，一天3小时，一个星期7天。在之后几年里，他又在跨栏项目上创造了一些新纪录。

1964年2月22日，在纽约麦迪逊广场花园，钟士参加跨栏赛。赛前他曾经宣布这是他最后一次参加室内比赛。大家的情绪都很紧张，每个人的眼睛都看着他。他赢了，平了自己以前所创的最高纪录。钟士跑完，走回跑道上，低头站了一会儿，答谢观众的欢呼。然后，1.7万名观众都起立致敬，钟士感动得泪如雨下，很多观众也流下眼泪来。一个曾经失败的人仍然继续坚持下去，不放弃，而爱他的人们爱的就是他这一点。

后来，他参加了1964年的东京奥运会，在110米栏赛中跑出13.6秒的成绩，得了第一名，他终于赢得了金牌。

后来，他在一家航空公司工作，担任业务代表。他自愿协助推广所在城市的体能训练计划，他的活动产生了极为了不起的影响。

有一次，他对一群年轻人演说，引诵了加拿大作家塞维斯的诗句：
孜孜不倦会为你赢得胜利，
临阵逃脱不是好汉。
放弃毕竟是太容易，
鼓起勇气，
抬头继续前进才是难题。
为你受打击而哭泣——
而死亡也是太容易，

撤退、爬行也容易，
但是在不见希望时却要战斗，再战斗
——这才是最好的人生之戏。
虽然你经历每一场激战，
浑身是伤、是痛，但是再努力一次——
死亡毕竟是太容易，
抬头继续前进才真不易。

钟士的故事使人们想起了歌德的话："不苟且地坚持下去，严厉地驱策自己继续下去。就是我们之中最微小的人这样去做，也很少不会达到目标。因为坚持的无声力量会随着时间而增长到没有人能抗拒的程度。"

进步与成功是一点一滴的努力得来的

决心获得成功的人都知道，进步是一点一滴不断地努力得来的。例如，房屋是由一砖一瓦堆砌成的，足球比赛的最后胜利是由一分一分的累积而决出的；商店的繁荣也是靠着一个一个的顾客购买累计出来的。所以，每一个重大的成就都是一系列的小成就累积成的。西华·莱德先生是个著名的作家兼战地记者，他曾在1957年4月的《读者文摘》上撰文表示，他所收到的最好忠告是"继续走完下一里路"，下面是其中一段：

在第二次世界大战期间，我跟几个人不得不从一架破损的运输机上跳伞逃生，结果飞机迫降在缅印交界处的树林里。当时唯一能做的就是拖着沉重的步伐往印度走，要在八月的酷热和季风所带来的暴雨的侵袭下，翻山越岭长途跋涉。才走了1

别让拖延毁了你的人生

个小时,长筒靴的鞋钉扎了我的一只脚,傍晚时双脚都起了血泡,像硬币那般大小。我能一瘸一拐地走完 140 英里[①]吗?别人的情况也差不多,甚至更糟糕。他们能不能走呢?我们以为完蛋了,但是又不能不走。为了在晚上找个地方休息,我们别无选择,只好硬着头皮走完下一英里路……

当我推掉其他工作,开始写一本 25 万字的书时,心一直定不下来,我差点儿放弃一直引以为荣的教授尊严,也就是说几乎想不开。最后我强迫自己只去想下一个段落怎么写,而非下一页,当然更不是下一章。整整 6 个月的时间,除了一段一段不停地写以外,什么事情也没做,结果居然写成了。

几年以前,我接了一件每天写一个广播剧本的差事,到目前为止一共写了 2000 个。如果当时签一张"写作 2000 个剧本"的合同,一定会被这个庞大的数目吓倒,甚至把它推掉。好在只是写一个剧本,接着又写一个,就这样,日积月累真的写出这么多了。

"继续走完下一里路"的原则不仅对西华·莱德很有用,对我们来说也很有用。按部就班地做下去是能实现目标的唯一聪明做法。比如最好的戒烟方法就是"一小时又一小时"地坚持下去。很多人用这种方法戒烟,成功的比例比使用别的方法高。这个方法并不是要求他们下决心永远不抽,只是要他们决心不在下一个小时抽烟而已。当这个小时结束时,只需把他的决心改在下一个小时就行了。当抽烟的欲望渐渐减轻时,时间就延长到两小时,再延长到一天,最后终于完全戒掉。那些一下子就想戒烟的人一定会失败,因为心理上的感觉受不了。一小时的忍耐很容易,可是永远不抽就难了。

想要实现任何目标都必须按部就班地做下去才行。对于那些初级经理人员来讲,不管被指派的工作多么不重要,都应该

---
① 1 英里=1609.344 米。

看成是"使自己向前跨一步"的好机会。推销员每促成一笔交易，都是在为迈向更高的管理职位积累条件。教授每一次的演讲，科学家每一次的实验，都是向前跨一步、更上一层楼的好机会。有时，某些人看似一夜成名，但是如果你仔细看看他们的经历，就知道他们的成功并不是偶然得来的，他们早已投入无数心血，打好坚固的基础了。那些大起大落的人物，声名来得快，去得也快。他们的成功往往只是昙花一现而已，并没有深厚的根基与雄厚的实力。

富丽堂皇的建筑物都是由一块块独立的砖石砌成的。砖石本身并不美观，成功的生活也是如此。

请做到下面的事情：把你下一个想法（不论看来多么不重要），变成迈向最终目标的一个步骤，并且马上去实行。时时记住下面的问题，用它来评估你做的每一件事。"这件事对我的目标有没有帮助？"如果答案是否定的，就马上停止；如果是肯定的，就要加紧推进。

我们无法一下子成功，只能一步一步走向成功。

尽力实现你的目标吧！

做出最正确的判断，选择最正确的方向

诺贝尔奖得主莱纳斯·波林说："一个好的研究者知道应该实现哪些构想，而哪些构想应该丢弃，否则，会浪费很多时间在差劲儿的构想上。"有些事情，你虽然付出了很大的努力，但你迟早会发现自己处于一个进退两难的境地，你所走的路线也许只是一条死胡同。这时候，最明智的办法就是抽身退出，去做别的事情，再去寻找成功的机会。

牛顿早年就是永动机的追随者。在大量的实验失败之后，

他很失望，但他很明智地退出了对永动机的研究，而在力学研究中投入更大的精力。最终，许多永动机的研究者默默而终，牛顿却因摆脱了无谓的研究，而在其他方面脱颖而出。

在人生的每一个关键时刻，要审慎地运用智慧，做最正确的判断，选择最正确的方向，同时别忘了及时检视选择的角度，适时调整。放掉无谓的固执，冷静地用开放的心胸做正确的抉择。每次正确无误的抉择都将指引你走向通往成功的坦途上。

当你确定了目标以后，下一步便是鉴定自己的目标，或者说鉴定自己所希望达到的领域。如果你决心做一下改变，就要考虑到改变后是什么样子；如果你决定解决某一问题，就要考虑到解决过程中可能遇到的困难是什么。

当描述了理想的目标以后，你要研究一下达到该目标所需的时间、财力、人力是多少，你的选择、途径和方法只有经过检验，才能估量出目标的现实性。或许你会发现自己的目标是可行的，否则，你就要量力而行，修改自己的目标。

有许多满怀雄心壮志的人毅力很坚强，但是由于不能进行新的尝试，因而无法成功。所以，既不能朝三暮四，也不能太不知变通。如果你确实感到行不通的话，就尝试另一种方式吧。

那些百折不挠、牢牢掌握目标的人，都已经具备了成功的要素。如果你能将下面两个建议和你的毅力相结合，你期望的结果便更易于获得。

（1）告诉自己"总会有别的办法可以办到"。

每年有几千家新公司获准成立，可是5年以后，只有一小部分仍然继续运营。那些半路退出的人会这么说："竞争实在是太激烈了，只好退出为妙。"其实，问题的关键在于他们遭遇障碍时，只想到失败，因此才会失败。如果你认为困难无法解决，就会真的找不到出路，因此一定要拒绝"无能为力"的想法，告诉自己"总会有别的方法可以办到"。

（2）先停下，然后再重新开始。

我们时常钻进牛角尖而不能自拔,因而找不出新的解决方法。成功者的秘诀是随时检视自己的选择是否有偏差,合理地调整目标,放弃无谓的固执,轻松地走向成功。

两个贫苦的樵夫靠上山捡柴糊口,有一天,他们在山里发现两大包棉花,两人喜出望外,棉花价格高过柴薪数倍,将这两包棉花卖掉,足可供家人一个月衣食无忧。当下两人各自背了一包棉花,便欲赶路回家。走着走着,其中一个樵夫眼尖,看到山路上扔着一大捆布,走近细看,竟是上等的细麻布,足足有十匹之多。他欣喜之余,和同伴商量,一同放下背负的棉花,改背麻布回家。他的同伴却有不同的看法,认为自己背着棉花已走了一大段路,到了这里丢下棉花,岂不枉费先前的辛苦,所以坚持不愿换麻布。先前发现麻布的樵夫屡劝同伴不听,只得自己竭尽所能地背起麻布,继续前行。又走了一段路后,背麻布的樵夫望见林中闪闪发光,待近前一看,地上竟然散落着两坛黄金,心想这下真的发财了,赶忙邀同伴放下肩头的棉花,改用挑柴的扁担每人挑一坛黄金回家。他的同伴仍是那套不愿丢下棉花以免枉费辛苦的论调,并且怀疑那些黄金不是真的,劝他不要白费力气,免得到头来空欢喜一场。发现黄金的樵夫只好自己挑起两坛黄金。两人走到山下时,突然下了一场大雨,两人在空旷处被淋了个湿透。更不幸的是,背棉花的樵夫背上的大包棉花吸饱了雨水,重得已无法背动,那樵夫不得已,只能丢下一路辛苦舍不得放弃的棉花,空着手和挑黄金的同伴回家去了。

坚持是一种良好的品性,但在有些事上,过度坚持,会导致更大的浪费。

别让拖延毁了你的人生

　　一个非常干练的推销员，他的年薪有六位数字。很少有人知道他原来是历史系毕业的，在干推销员之前还教过书。

　　这位成功的推销员这样回忆他走过的道路："事实上，我是个很没趣儿的老师。由于我的课很沉闷，学生们个个都坐不住。所以，我讲什么他们都听不进去。我之所以是个没趣儿的老师，是因为我已厌烦了教书生涯，对此毫无兴趣可言，但这种厌烦感在不知不觉中也影响到了学生的情绪。最后，校方终于解聘了我，理由是我与学生无法沟通；其实，我是被校方免职的。当时，我非常气愤，所以痛下决心，走出校园去干一番事业。就这样，我才找到推销员这份自己胜任并且感觉愉快的工作。

　　"真是'塞翁失马，焉知非福'。如果我不被解聘，就不会振作起来！基本上，我是个很懒散的人，整天都病恹恹的。校方的解聘正好惊醒了我的懒散之梦，因此，到现在为止，我还是很庆幸自己当时被人家解雇了。要是没有这番挫折，我也不可能奋发图强起来，闯出今天这个局面。"

　　有人认为：如果没有成功的希望，而去屡屡试验是愚蠢的、毫无益处的。

　　有的人失败，不是没有本事，而是定错了目标。成功者为避免失败，总会时刻检查目标是否合乎实际、合乎道德。

　　所以，要想成功，就要做出正确的判断，该坚持则坚持，该放弃则放弃，选择最正确的方向努力奋斗。

第五章 别让机遇迎面而来，擦肩而过

　　机遇来也匆匆，去也匆匆，抓住了它，你便会大有作为；错过了它，便一事无成。因此，面对机遇时，要转动大脑，灵活善断，将机遇牢牢抓在手中，而切不可让拖延的恶习害了自己，让机遇白白溜走。要抓住成功的机遇，要勇于尝试、勇于冒险，敢于迈出第一步，做了再说，以便把握关键时刻。这样，方可运用机遇，在激烈的竞争中胜人一筹，取得非凡的成就。

拖延让你在"关键时刻"充满遗憾

每个人的成功都取决于某个关键时刻,一旦在这个时刻犹豫不决或退缩不前,机遇就会擦肩而过,再也不会重新出现。

马萨诸塞州的州长安德鲁在1861年3月3日给林肯的信中写道:"我们接到你们的宣言后就马上开战,尽我们所能,全力以赴。我们相信这样做是美国和美国人民的意愿,我们完全废弃了所有的繁文缛节。"1861年4月15日那天是星期一,上午他收到了军队从华盛顿发来的电报后,做了这样的记录:"所有要求从马萨诸塞出动的兵力已经驻扎在华盛顿与门罗要塞附近,或者正在去往保卫首都的路上。"

安德鲁州长说:"我的第一个问题是采取什么行动,如果这个问题得到回答,第二个问题就是下一步该干什么。"

英国社会改革家乔治·罗斯金说:"从根本上说,人生的整个青年阶段,是一个人个性成形、沉思默想和希望受到指引的阶段。青年阶段无时无刻不受到命运的摆布——某个时刻一旦过去,指定的工作就永远无法完成。或者可以这样说,如果没有趁热打铁,某种任务也许永远都无法完工。"

拿破仑非常重视"黄金时间",他知道,每场战役都有"关键时刻",能把握这一时刻就意味着战争的胜利,稍有犹豫就会导致灾难性的结局。据说,在滑铁卢战役中,那个性命攸关的上午,拿破仑和格鲁希因为晚了五分钟而惨遭失败。就因为这一小段时间,拿破仑就被送到了圣赫勒拿岛上,从而使成千上万人的命运发生了改变。

有一句家喻户晓的俗语可以给很多人以警示，那就是："任何时候都可以做的事情往往永远都不会有时间去做。"

化公为私的非洲协会想派旅行家利亚德到非洲去，人们问他什么时候可以出发。他回答说："明天早上。"当有人问约翰·杰维斯（即后来著名的温莎公爵），他的船什么时候可以加入战斗，他回答说："现在。"科林·坎贝尔被任命为驻印军队的总指挥，在被问及什么时候可以派部队出发时，他毫不迟疑地说："明天。"

与其费尽心思地把今天可以完成的任务拖到明天，还不如用这些精力把工作做完。而任务拖得越久就越难以完成，做事的态度就越是勉强。在心情愉快或热情高涨时可以完成的工作，被推迟几天或几个星期后，就会变成苦不堪言的负担。

当机立断常常可以避免做事情时的乏味和无趣。拖延通常意味着逃避，其结果往往就是不了了之。做事情就像春天播种一样，如果没有在适当的季节行动，以后就没有合适的时机了。无论夏天有多长，也无法使春天被耽搁的事情得以完成。

"没有任何人时刻像现在这样重要，"爱尔兰女作家玛丽·埃及奇沃斯说，"不仅如此，没有现在这一刻，任何时间都不会存在。没有任何一种力量或能量不是在现在这一刻发挥着作用的。如果一个人没有趁着热情高昂的时候采取果断的行动，以后他就再也没有实现这些愿望的可能了。所有的希望都会消磨，都会淹没在日常的生活琐事之中，或者会在懒散消沉中流逝。"

不要坐待自己"命运之舟"的到来

成功者从来不拖延到"有朝一日"再去行动,他们一旦遇到问题,马上处理,从不浪费时间去发愁,因为那无济于事,而只能重复和加剧自己的痛苦。他们总是马上满怀热情、干劲十足地致力于寻找解决问题的方法。

李然的一位朋友上大学时,便梦想当个新闻记者。她善于与人交谈,容易获得他人的信任和亲近,而且有着良好的出身,凭着自己的实力,借助家庭的帮助和支持,她完全有实现理想的机会。

她常说:"只要有人给我去报社工作的机会,我就能完全胜任。"

李然也相信她在这方面有才干。可是,她并没有主动争取去报社工作的机会,而是一直在等待某个人像神仙一样突然出现在她面前,成全她的愿望。她要马上成功,一下子就成为一个受人青睐的名记者。她的想法,让李然感到极为不安。有一天,李然给她讲起了一个国外女孩辛迪的故事。

辛迪从小梦想成为一名电视记者。她没有良好的家庭出身,甚至没有经济保障,每天白天去工作,晚上挤出一点儿时间去加州大学分校的艺术夜校去学习。毕业后,她到处找工作,跑遍了洛杉矶的每个广播电台和电视台。但每位经理都给了她大致相同的回答:"除了在摄像机前有几年经验的人,我们谁都不雇用。"但她并不放弃,也没有坐等机会,而是走出去寻找。几个月中,她仔细翻阅各种报刊。终于,她看到这样一则广告:北达科他州一家很小的电视台招聘一名女气象预报播音员。

第五章　别让机遇迎面而来，擦肩而过

辛迪是个讨厌冰雪的加利福尼亚人，她对自己说："我会死在北达科他的！"但她想要得到的是一个与电视台有关的工作，别的就全不在乎了。于是，她抓住这个机会，动身去了北达科他州。

辛迪在那儿干了两年后在洛杉矶的电视台找到了一个职位。又过了五年，她得到提拔，终于得到了她梦寐以求的新闻节目的工作。

李然的朋友听了这个故事以后，开始不以为然，可几天后也开始了她的求职历程。幸运的是，她的求职经历没有辛迪那样曲折，奔波了不到十天，就如愿以偿了。

我们周围总有那么一些人，喋喋不休地讲述他过去差一丁点儿就将取得的虚无缥缈的成就，或大谈特谈他"正计划着的"不着边际的未来事业。他们翻腾那种种催人泪下的"我早就……"和"要是……"的话题："要是我没结婚，我早就成了一名了不起的歌剧演员了。""要是我出生在高干家庭，我早就发财了。"他们念念不忘自己的"要是……"，所以他们始终摆脱不了一些无谓的幻想，从没有实际的行动，所以也无从兴盛，无从成功。那些谈论自己本来能做什么事的人不是能"成事"的人，不是成功者，而只是空谈家。

不要坐待自己"命运之舟"的到来，不要因为它没有到来而愤愤然和觉得受了欺骗。要聚沙成塔，从小事做起去推进自己的事业。首先，快停止那些"运气不佳"的论调吧！对一个成功者来说，运气的同义语就是努力工作，只要不屈不挠、全神贯注于眼下的事，并坚持把它干好，"机遇"就会到来。

怨天尤人改变不了自己的命运，只会使自己更加没有时间去取得成功。去找一块让你拼一拼的用武之地吧，并付出你的努力。

别让拖延毁了你的人生

黛安29岁时,上了《新闻周刊》的封面,里边的文章描写她从早八点到午夜的工作情况。对于她这种长时间的工作,她说道:"有时,我想,天啊!我已精疲力竭了!我干吗非得坚持干所有这些事呢?不过,激动人心的是,我驾驭了自己的生活,没有谁值得我妒忌。"

她是怎样去定义成功的呢?"当你把生活看成是一段旅程时,成功便是一片绿洲——在那儿休整一下,举目四望,欣赏和喘息,睡个觉,然后,再继续前进。"

弗斯坦伯格是个令人敬仰的成功者。她23岁时,靠从父亲那里得来的三万美元贷款,建起了自己的服装设计公司。她如今已经把自己的公司搞成了一个年经营额达2 000万美元的时装企业。她又继续创办了自己的化妆品公司。所有这些事都是她在十年之内办成的。她是个母亲,同时也是个企业家,这样的"二者兼备"对于许多同龄女子来说只是梦想,她说:"你想做到,你就能成功。""我发现你确实不必放弃事业以外的事情。"

能够让拼搏成为你生命的一部分,你就能够使昨日之理想成为今日之现实。但是,靠希冀和企求是办不到的,为了把理想变为现实,你需要投身工作。

成功的人们懂得必要时怎样加班加点。如果存在时间期限的压力,他们就是在周末也会工作。他们不去看钟点儿,而只是埋头干下去,直到把工作做完、做好。成功者为他们在充满行动的日子里所能成就的一切感到自豪。

很多时候，迈出人生的第一步再说

一位爱好写作的青年向作家请教"成功秘诀"。作家拉着他的手一块儿来到海滨，要他下水游泳。这位青年怔了一下，急忙掏出一本《怎样学游泳》的书，坐在礁石上看了起来，只有两只脚丫伸进水里搅来晃去。作家问："这本书你以前看过没有？"

青年答道："看过五六遍了，但总觉得没有全部背熟……"

作家说："我来帮帮你！"说着，便把这位青年推进水里。

这位年轻人终于在水中学会了游泳。

你要想做成一件事，必须积极地行动起来，投身到你要从事的事情当中去。开始，你的经验未臻成熟，可能处处不顺手，久而久之，你就能胜任有余。

成功的方法，归根结底，是先迈出第一步，然后一步一步往下走。

一位美国老太太从纽约步行到佛罗里达州的迈阿密市。抵达后，记者问她："您是如何鼓起勇气徒步旅行的？"

她回答得非常轻松："我迈出了第一步，我所做的一切就是这样。当我走了第一步，接着便有了第二步，然后再一步，一步一步的，我就到了这里。"

迈出第一步很重要，这表明你已经开始行动了。一旦行动起来，如果你决心成功，不达目的誓不罢休，你就会进入状态背水一战，你就会积累冲劲儿。冲劲儿将有助于你走向成功，因为行动起来的冲劲儿能够比较容易地克服一些障碍。就如一匹狂奔的战马，再大的障碍也很难阻止它前行。

别让拖延毁了你的人生

刘秀忍是一位台湾姑娘,因生活所迫,她才念到小学四年级便辍学了。结婚后,刘秀忍和丈夫开办了一家贸易商行,生意还不错。但她不满足于小打小闹,决心干出一份像样的事业来。她听说日本的钱好赚,便说服丈夫,孤身一人去日本创业。

来到日本东京后,刘秀忍才发现事情远不像她想象的那么简单。首先,人生地不熟,她根本不知道该从哪里开始做起。其次,语言不通,怎么跟人家谈生意呢?最后,她的资金很少,日本再好赚钱,也得先投资才能赚到钱呀!还有那份远离家乡、远离亲人、无人交流的孤独,更让她难以忍受。

刘秀忍的信心开始动摇了,但她想,好不容易下决心跑出来,也不能什么都不干又跑回去呀!好歹先做起来再说,成不成先别管,不试就放弃,总难甘心。于是,她设法找到在日本的同乡帮忙办手续,办起了一家小小的贸易商行。她没有聘请员工,里里外外全是她一人忙活。

刘秀忍一面学日语,一面尝试谈生意。也真难为她,才小学四年级的水平,居然短时间内就能用简单的日语交流了。但生意方面却很不顺利,好几个月一笔生意也没有做成。有一次,一家工厂事先答应委托她的商行将一批食品罐头销往中美洲。她高兴极了,以为终于守得云开见日出了。谁知到签约时,对方调查到她只是一个新手,没有什么实力,立即变卦,拒绝签约。刘秀忍大失所望,难过得大哭一场。

刘秀忍知道,自己既无实力又无知名度,要说服人家跟自己做生意,只能靠耐心。她不急不躁,一次又一次地跑客户。她一天天带着希望走出门,又一天天带着失望走回家。丈夫知道她在外面做得很不顺利,建议她回去算了。刘秀忍归心似箭,何尝不想回去跟亲人团聚?但倔强的个性却促使她下定决心:不努力到十分,决不轻言放弃。她一把眼泪一行字,给丈夫写了一封信,信中说:"请放心,我肯定会成功!"

终于有一天,刘秀忍看到了一丝曙光:一位日本商人被她百折不挠的韧劲所感动,把自己做不过来的一笔小生意让给她做。生意虽小,对刘秀忍来说却是一件大买卖,她小心翼翼,将活儿干得漂漂亮亮的。这桩生意做下来,好像局面一下子打开了似的,一笔又一笔生意接踵而至,真应了"水到渠成"这句老话。

刘秀忍将贸易业的生意做顺后,用积累的资金投资房地产业。后来,她成为拥有三家大公司、七座百货大楼以及多家分公司的大老板。

智者虽有千虑,如果不立即行动,也将一事无成;愚者虽少智慧,只要在行动中磨炼自己,也将心想事成。在任何时候,我们不要忘记提醒自己:立刻行动,首先迈出第一步,切勿坐失良机!

《圣经》上说:"如果没有行动就等于死亡。"行动起来总会带来价值,没有行动就没有价值。只要你强迫自己迈出第一步,继续前进就不那么困难了;只要你立刻行动起来,再难的事情也会变得很容易。

有好多人总是眼睁睁地看着到手的机会跑掉,为什么呢?因为他们不敢行动,怕准备不充分,会失误;怕一脚迈不好,会跌倒。当他们把一切都准备好之后,却又时过境迁,再采取行动已经毫无意义了。

很多东西原本就是要在行动中去学习,去见识,去经历,不是事前可以准备的。你想事事准备好后再行动,也许永远也动不起来。因此,一旦你定下目标,就要当机立断,大胆地去行动。

不行动，你就不会知道自己的力量

某广告公司以非常优厚的薪水招聘设计主管，求职者甚众。几经考核，10位优秀者脱颖而出，会聚到了总经理办公室，进行最后一轮角逐。

总经理指着办公室里两个并排放置的高大铁柜，为应聘者出了考题——请回去设计一个最佳方案，不搬动外边的铁柜，不借助外援，一个普通的员工如何把里面那个铁柜搬出办公室。望着总经理称每个起码有500多斤[①]重的铁柜，10位精于广告设计的应聘者先是面面相觑，不知总经理缘何出此怪题，再看总经理那一脸的认真，他们意识到了眼前考题的难度，又仔细地打量了一番那个纹丝不动的铁柜。毫无疑问，他们感觉到这是一道非常棘手的难题。

3天后，9位应聘者交上了自己绞尽脑汁地想到的设计方案，有的利用了杠杆原理，有的利用了滑轮技术，还有的提出了分割设想……但总经理对这些似乎很有道理的各种设计方案根本不在意，只是随手翻翻，便放到了一边。这时，第10位应聘者两手空空地进来了，她是一个看似很弱小的女孩，只见她径直走到里面那个铁柜跟前，轻轻一拽柜门上的拉手，那个铁柜竟被拉了出来——原来，里面的那个柜子是超轻化工材料做的，只是外面喷涂了一层与其他铁柜一模一样的铁漆，其重量不过十几斤，她很轻松地就将其搬出了办公室。

这时，总经理微笑着对众人道："大家看到了，这位女士设计的方案才是最佳的——她懂得再好的设计，最后都要落实到行动上。"

[①] 1斤=500克。

我们有幸听到了这位女士的感言:"当时,那9位落选的应聘者都心悦诚服地向我祝贺,因为通过这次考核,他们真切地明白了——成功的原因只有一个,那就是行动远远大于思想。"

人的自由在于主动性,主动性在于向多种可能性敞开。假如你不尝试,就不会真正知道自己能做什么,也不会知道自己到底要什么。所以,有这样一句名言倒是很值得一记:举枪—瞄准—射击。不要犹豫,不要等待,先做了再说。一切机会全从行动中来,从动态发展中来。请记住,行动乃机会之母。

没错,在某些时候,要打破思维的僵局,只有靠行动。谁都可以拥有无数美妙的设想,但最终抵达成功顶峰的却是那些更善于行动的人。

拒绝拖延还需要你勇于面对风险

1990年,在温布尔登举行的网球锦标赛女子组半决赛中,16岁的南斯拉夫选手塞莱丝与美国选手津娜·加里森对垒。随着比赛的进行,人们越来越清楚地发现,塞莱丝的最大对手并非加里森,而是她自己。赛后,塞莱丝垂头丧气地说:"这场比赛中双方的实力太接近了,因此,我总是力求稳扎稳打,只敢打安全球,而不敢轻易向对方进攻,甚至在加里森第二次发球时,我还是不敢扣球求胜。"

加里森却恰恰相反,她并不只打安全球。"我暗下决心,鼓励自己要敢于险中求胜,决不能优柔寡断、犹豫不决。"津娜·加里森赛后谈道,"即使失了球,我至少也知道自己是尽了力的。"结果,加里森在比赛中先是领先,继而胜了第一局,后来又胜了一局,最终赢得全场比赛。

当遇到严峻形势时，人们习惯的做法是小心谨慎，保全自己。而结果呢？不是考虑怎样发挥自己的潜力，而是把注意力集中在怎样才能缩小自己的损失上。正像塞莱丝的经历一样，结果大都会以失败而告终。

生活中，常有这种现象，同样一件事，因为存在一定的风险，甲经过细算，认为有60%的把握，便抢占时机，先下手为强，因而取胜。乙在谋划时过于保守，认为必须有90%甚至100%的把握才下手，一等再等，结果坐失良机。

任何领域的领袖人物，他们之所以能够成为顶尖人物，正是由于他们勇于面对风险。美国传奇式人物、拳击教练达马托曾经一语道破英雄和懦夫的区别："英雄和懦夫都会恐惧，但英雄和懦夫对恐惧的反应却大相径庭。"

我们都遇见过一些饱经风霜的老前辈，他们什么世面都见过，因此总对我们讲一些不可做这不可做那的理由。我们刚产生了好主意，一句话还没说完，他们就像消防队员灭火般地向我们泼冷水。这种人总能记起过去某时曾有某个人类似想法，结果惨遭失败，他们总是极力劝我们不要浪费时间和精力，以免自寻烦恼。

美国一家大印刷公司的经理曾回忆起他与公司的一位会计员的一次谈话，这位会计员的理想是要成为他公司的审计长，或者创办自己的公司。虽然她连中学都没毕业，但她毫不畏惧。但公司经理提醒她："你的会计能力不错，这一点我承认，但你应该根据自己的受教育程度，把目标定得更加切合实际些。"经理的话使她大为恼火，于是，她毅然辞职追寻自己的理想去了。后来她成立了一个会计服务社，专门为那些小公司和新移民提供服务。现在，她在加州的会计服务社已发展到了五个办事处其实，我们谁也不知道别人的能力到底有多大，尤其是在他们怀有激情和理想，并且能够在困难和障碍面前不屈不挠时，他们的能力就更难预测了。

无论做任何事情，最为重要的是不要让那些爱唱反调的人破坏了我们的理想。这世界上爱唱反调的人真是太多了，他们随时随地都可能列举出千条理由，来说明我们的理想不可能实现，而我们一定要坚定立场，相信自己的能力，努力实现自己的理想。

有时，当面临某一新情况时，人们往往会回忆起过去的失败经历，从而花太多的时间往坏处想。

有一位女律师不久就要出庭辩护。这是她当律师后第一次出庭为人辩护，因此，她感到特别的紧张不安。她不知该给陪审团留下个什么印象才好，她总是想："我不能被人看作无经验，太年轻，或是太幼稚，我不能让他们怀疑我这是第一次出庭为人辩护，我不……"这位女律师掉进了"不能"的陷阱里。

"不能"是一种消极的目标，"不能"会使我们不想怎样却偏会怎样，因为我们的大脑里会产生一些不好的图像，并对其做出反应。

美国斯坦福大学所做的一项研究表明，大脑里的某一图像会像现实情况那样刺激人的神经系统。举例来说，当一个高尔夫球手在告诫自己"不要把球打进水里"时，他的大脑里往往会浮现出"球掉进水里"的情景，所以，我们也不难猜出球最终会落在何处。

因此，在遇到紧张情况时，要把注意力集中在我们所希望发生的事情上。就像那位女律师，她希望以后的岁月出现些什么情况，她就应该这样想："我希望被人认为业务精通，充满自信。"她应满怀信心地在法庭上陈述，口中使用着充满说服力的语言，用眼睛同证人和陪审员保持着紧密的联系，说话时声音清晰洪亮，使整个法庭上的人都能听清楚。这时的她已与从前判若两人。她还应想象精彩的结案辩词及己方胜诉的情景。若能如此，经过几星期设想演练之后，这位年轻女律师的第一次出庭辩护一定会非常成功。

但是，无论我们准备得多么充分，有一件事总是难免的：当我们从事某项新事务时，失误便会伴随而来。无论是作家、销售人员、还是运动员，只要不断向自己提出挑战，就难免出现失误的风险。

吉姆·伯克晋升为美国翰森公司新产品部主任后的第一件事，就是要开发研制一种供儿童使用的胸部按摩器。然而，这种产品的试制失败了，伯克心想，这下可要被老板炒鱿鱼了。然而，伯克被召去见公司的总裁时受到了意想不到的接待，"你就是那位让我的公司赔了大钱的人吗？"总裁问道，"好，我倒要向你表示祝贺，你能犯错误，说明你勇于冒险。而如果你缺乏这种精神，我们的公司就不会有发展了。"数年之后，伯克成了翰森公司的总经理，他仍牢记着前总裁的这句话。

勇于冒险求胜，就能比我们想象的做得更多更好。在勇冒风险的过程中，能使我们的平淡生活变成激动人心的探险经历，这种经历会不断地向我们提出挑战，不断地奖赏我们，也会不断地使我们恢复活力。

香港商人陈玉书在他的自传《商旅生涯不是梦》里指出："致富秘诀，在于大胆创新，眼光独到。譬如说，地产市场我看好，别人看坏，事实证明是好，我能发大财；反之，我看好，别人看坏，事实证明是坏，我便要受大损失，甚至破产；如果大家都看好，我也看好，事实证明是对了，则也仅仅能糊口而已。"

精明的人能谋算出冒险的系数有多大，同时又能做好应付风险的准备。成功常常属于那些敢于抓住时机、勇于冒险的人。有些人很聪明，对不测因素和风险看得太清楚了，不敢冒一点儿险，结果聪明反被聪明误，永远只能沦为平庸而已。实际上，如果能从风险的转化和准备上进行谋划，则风险并不可怕。

世上大多数人不敢走冒险的捷径。他们在平安大路上四平八稳地走着，这路虽然平坦安宁，但他们永远领略不到奇异的风险和壮美的景致。他们平平庸庸、清清淡淡地过了一辈子，直到走到人生的尽头也没有享受到真正成功的快乐和幸福的滋味。他们只能在拥挤的人群里争食，闹得筋疲力尽也仅仅是为了填饱肚子、穿上裤子、养活孩子。这种人生是什么样的人生呢？而且，这种人生也是一种难以逃避的风险，是一种越来越无力改善现状的风险。

所以，生命从本质上说是一种探险，如果不能主动地迎接风险挑战，便只能被动地等待风险的降临。

有限度地承担风险，无非带来两种结果：成功或失败。如果我们获得成功，则我们可以提升至新领域，显然这是一种成长；就算我们失败了，我们也可以很清楚地知道为什么做错了，学会以后该避免怎么做，这也是一种成长。

事实上，尝试风险，有助于培养个人不满足于现状、勇于进取的精神，也有利于提高个人对市场变动的敏锐感。一个人往往在冒险并盘算着该做什么时，成长最快。一位日本专家指出：人类在长期的历史进程中，学到了很多智慧，也拥有了很多智慧，这能给人以更大冒险的可能性。但是，即使有可能性，也不能断定所有的人都敢于冒险。

作为青年人，一方面要通过学习和实验不断增长智慧，另一方面还要永远保持冒险精神。自卑自忧、谨慎胆小并不是成功者的品质；裹足不前，举棋不定，只能在当今瞬息万变的社会中被淘汰出局。

-101-

勇于尝试才能抓住机遇

人,自知手的握力有限,所以发明了老虎钳。

人,知道拳头的打击力有限,所以发明了榔头。

铁丝网是一个牧羊人发明的。他本来是用光滑的铁丝围成篱笆管理羊群,后来看见有些羊从篱笆缝里钻出去,就把铁丝剪成段,在接头的地方做出刺来。这样相当有效。

螺丝钉是一项重要的发明,但当螺丝钉第一次出现的时候,螺丝帽上没有那一道"沟",是后来有人为了旋转方便而加了一条"沟",再后来又有人更进一步发明了电动旋转器,来节省旋转螺丝钉所消耗的时间。这就是一件发明越来越完善的过程。

今天的世界比起100年前不知进步了多少,只要人类不停地积极创造,世界就一定能够继续进步,未来的世界会比现在更好。试想,如果百年前的人类骄傲自满、停止创造,哪里还会有今天的文明呢?

在这个世界上,人拥有无限的创造力,也拥有无限的创造才能。只要我们始终保持创造的冲动和欲望,就能不断发现新的领域、创造新的奇迹。不要为已有的新奇现象所迷惑,也不要为日常例行的工作所催眠,时常在工作和生活中提醒自己:我还能发现什么奥秘?就是因为这一念头,今天我们才不会推独轮车、点菜油灯。

早在50多年前,英国就有一种下酒菜"炸土豆片",很受酒吧顾客的欢迎。一个市场很窄的商品,并没引起人们的普遍注意,只有一家叫史密斯的公司控制着大部分市场。

此时，有个人发现：把这个土豆片当零食吃也不错。于是他立即收购了一个很不起眼的生产炸土豆片的小公司，即金奇妙公司。经过一番策划，把市场定位于男人下酒菜的土豆片扩大到妇女和儿童的零食。没多久，金奇妙土豆片一下子成为超级市场与街道小商店的热销小食品，并且冲出英国，走向了世界。到了后来，金奇妙的土豆片不只是刺激了民众巨大的潜在需求，也避开了与史密斯公司在下酒菜上争高低的同行业竞争局面。

金奇妙公司给我们的启示是：与同行竞争同一个有利可图的市场时，不要硬拼，而要改变观念，在市场定位、产品功能上下功夫，形成一个"你打你的，我打我的，井水不犯河水"的新局面。

创新是多方面的，不是只有高科技才是创新。市场创新最容易见效，而这个市场创新也很容易推动相应的技术创新和管理创新。这种市场创新带来的往往是命运的根本转变。比如，许多年前，人们认为最好的跳高方式是俯卧式，即运动员跑向横杆，脸向前，起跳，翻滚过杆。但在1968年墨西哥城奥运会上，获克·福斯贝里采用一种新跳法获得了金牌，并打破了奥运会纪录，让全世界为之震惊。这种新跳法是他经过多年的努力而发明的，称之为福斯贝里跳法。以后数年内，多项纪录被改写，都是采用这种背跃式的新跳法创造的。

获克·福斯贝里引发了跳高方式的转变，以一种全新的方式代替了原有的方式，但是在他之前所采用的俯卧式跳法就完全错了吗？当然不是，因为在那个时候，俯卧式跳法是那时人们知道的最好跳法。如果我们现在想在国际比赛中采用俯卧式跳法则是错误的，因为它现在已不再是最好的跳法了。一旦掌握了新的方法，就没有人会再回到老路上去，就如同采用背跃式跳法的人不会再去采用俯卧式，至少在他们想取得成绩时不会如此。

别让拖延毁了你的人生

由此可知,勇于尝试是创新中的一个关键。只有勇于尝试,理想才能变为现实;只有勇于尝试,才能一步一步逼近成功;只有勇于尝试,才会有结果。创新靠的是头脑的智慧,可是它永远不会只是想想而已,只有在尝试中才能表现出它的存在。

几十年前,一个中国青年随着闯南洋的大军来到了马来西亚,那时,他的兜里只剩下了5元钱。

为了生存,他在这片土地上为橡胶园主割过橡胶,采过香蕉,在小饭店端过盘子……谁也不会想到,他后来成为马来西亚的一个亿万富翁。他就是谢英福,他的创业史现在仍被马来西亚人所津津乐道。

很多人试图找到他成功的秘密所在,但发现,他所拥有的许多机会对于大家都是平等的,唯一的区别可能是:他敢于尝试和冒险。他可以在赚到10万元的时候,把这10万元全部投到新的行业中。这在那个动荡不安的投资环境中,一般人是很难做到的。

马来西亚总理马哈迪尔也熟知他。当时,马来西亚有一家国有钢铁厂经营不景气,亏损高达15亿元。总理找到他,请他援助该公司,他爽快地答应了。

在别人看来,这是一个错误的决定,因为钢铁厂生产设备落后,员工凝聚力丧失,债务难还,这是一个巨大的洞,无法用金钱填平的。可谢英福在面对媒体时却坦然地说:"当年来到马来西亚时,我口袋里只有5元钱,这个国家令我成功,我现在要报效国家。如果我失败了,那就等于我损失了5元钱。"

年近六旬的他从豪华的别墅里搬出来,来到了钢铁厂,在一个简陋的宿舍里办公,他象征性的工资是每月马来西亚币1元。3年过去了,企业扭亏为盈,赢利达13亿港元,而他也成为东南亚钢铁巨头。他成功了,赢得让人心服口服。

而面对巨大的成功,谢英福竟笑着说:"我只是捡回了我的5元钱。"

抓住机遇就是抓住了成功之门的把手

机遇出现在面前，下一步怎么办？是再等等，再看看，还是马上行动！也许你等待了一秒钟，机遇就已经被别人抢去了。下面这个事例值得我们学习借鉴！

1947年，美国贝尔实验室发明了晶体管。许多人都立刻意识到，这是一个非常有潜力的产品，因为晶体管可能会取代电子管，特别是在消费性电子产品方面——收音机和刚上市的电视机，晶体管具有巨大的优势。一些美国的大型制造厂商也意识到这是一个机遇，开始着手准备研究晶体管，但他们没有立刻抓住不放，而是计划到20世纪80年代才以晶体管取代电子管。因为他们认为在此之前，完全使用晶体管的条件并不具备。

当时，索尼公司默默无闻，而且并不生产消费性电子产品。但当索尼总裁盛田昭夫从报纸上了解了有关晶体管的消息后，超人的远见卓识使他顿觉机遇来临，即刻奔赴美国，经过考察和谈判，以超低的价格——2.5万美元，从贝尔试验室买下了晶体管生产的专利。两年后，索尼公司推出世界上第一台便携式晶体管收音机，其重不到市场上一般电子管收音机的1/5。晶体管收音机不但性能优越、耗电省，而且价格还便宜了2/3，所以，首批生产的200万台收音机一下子就被抢购一空，其销售额正好是购买专利所花费的100倍。三年后，索尼公司的产品便占领了美国市场。

日本精工表的崛起更是显示了精明的日本人把握机遇的能力。

别让拖延毁了你的人生

　　瑞士是钟表的王国，其制表业在世界上一直独占鳌头，但是，他们做梦也不曾想到自己的霸主地位会被日本人抢了去。

　　1960年，在瑞士举行的一年一度的盛大新夏特尔天文台钟表展览会上，一种新款钟表——石英表出现在消费者的面前。这种新型表的研制者正是瑞士人。石英表的出现对钟表业而言是一个绝好的机遇，但瑞士人没有牢牢把握这一机遇，倒是一直觊觎瑞士钟表王国宝座的日本人在展览会上看到被冷落一旁无人问津的石英表时，眼睛为之一亮。机遇又一次在日本人面前闪光！击败瑞士人，关键在于石英表。日本精工集团随后正式立项研制石英表。

　　很快，日本人取得了令人瞩目的成就。1960年，由瑞士公司承担的罗马奥运会所用钟表大多是机械表，但在1964年的东京奥运会上，由日本精工集团承揽的大会用表却是清一色的可携式石英表。这一成就撼动了具有100年历史的瑞士钟表王国的基石。

　　接着，在瑞士新夏特尔天文台于1967年举办的展览中，精工集团一举包揽了石英式钟表的前5位。当1969年世界上第一块用作商品的石英电子手表——精工35Q由精工集团推出时，彻底宣告了瑞士钟表的失败。

　　由于把握了可贵的机遇，日本人领导石英手表掀起了一场手表革命，取代了具有100年历史的机械表的霸主地位。

　　日本之胜，胜在抓住了机遇；瑞士之败，败在错过了机遇。商战也一样，兵贵神速。在科技日益发达的今天，技术的进步、产品的更新、市场的变化等都日新月异。如果企业经营者没有强烈的时间观念，必定会被市场所淘汰。所以，企业的竞争，在一定程度上就是时间的竞争，只有掌握了时间的主动权，才能领先一步。

　　机遇是成功的杠杆。当机遇来临时，我们必须迅速地抓住它，因为抓住它也就抓住了成功之门的把手。

灵活善断，将机遇牢牢抓在手中

机遇来也匆匆，去也匆匆，抓住了它，便能大有作为，错过了它，便一事无成。因此，面对机遇时，要转动大脑，灵活善断，将机遇牢牢抓在手中。随机应变的含义谁都懂，但应用起来十分不易，需要具有丰富的知识，敏锐的洞察力，能正确展望趋势变化，审时度势，果断决策。这是一项综合素质，需要刻苦修炼，一旦能够运用自如，就能在商场中驾驭风云，使自己处于主动地位，立于不败之地。

美国人哈默，被人们称为"万能博士"，不是因为他知识渊博，而是因为他善于随机应变，创造机遇，抓住机遇。哈默从小就显示出极高的经商天赋，他在18岁时接管了父亲经营的濒临破产的制药厂，进行了一系列深刻的改革后，在极短的时间内使其扭亏为盈，他因而名声大噪。当时，他成为全美唯一的大学生百万富翁。

1921年，哈默获悉苏联瘟疫流行、饥荒严重，便毅然放弃当医生的机会，赶赴苏联做人道主义者。他带领一所流动医院，包括一辆救护车和大批药品，历经千辛万苦，抵达莫斯科，将带去的价值10万美元的医疗设备无偿赠予苏联人民。

正是由于这次考察，使他的经商天赋得以施展，使他从人道主义者变为往来于东西方的商人。他来到乌拉尔山地区时，看到饿殍遍野，然而，白金、绿宝石等稀有珍宝却遍地都是，各种矿产和毛皮更是应有尽有。若能用这些珍贵的东西去换取美国非常便宜的粮食，岂不是大有价值？善于经商的哈默灵感突现，他马上向当地的苏维埃政府提出了这条建议，愿意以赊销的方式提供给苏联价值100万美元的小麦。

消息传到莫斯科,哈默的胆识获得了列宁的赏识,列宁果断地改变了过去对待西方国家的贸易态度,顶住了当时党内的"左"倾人员的压力,很快发出指示让外贸部门确认这笔贸易。哈默立即打电报给他在美国的哥哥哈里,带来价值100万美元的小麦,并从苏联拉走了价值100万美元的毛皮和1吨西方早已绝迹的上等鱼子酱。粮食缓解了苏联的饥荒,哈默也因此获得了巨额利润。此后,他继续在苏联搞经营,并导演了几次绝妙的好戏,大发其财。

1929年,苏联实行企业国有化,取消租让制。哈默的企业为政府收购。哈默只好离开苏联回到美国。

回到纽约后,正赶上20世纪30年代美国经济萧条期,因而事业发展很不顺利。但是哈默总能随机应变地搞经营。正像他自己所说:"我并不常常回忆过去的好事,而总想着现在和将来要干些什么。"正是因为他能立足现实考虑长远,才能不断地创造机会。抓住机遇。这一回,他又灵机一动,将他在苏联收购的古董和艺术品拿到各大商场展览。在路易斯一家公司展销的第一个星期,展厅平均每天接待2 000人,销售额高达几十万美元。

接着,哈默又在全美各大城市举办了23次展销会,掀起一次又一次艺术品拍卖的高潮。他又先后在纽约和洛杉矶办起艺术馆,一面展览一面从事文物交易。由于这些艺术品非常名贵,因而他的艺术馆轰动一时。这样,在短短的三年间,哈默又成了一个成功的古董商。他还专门撰写了一本书,题为《罗曼诺夫王朝珍宝寻觅记》,因而成了杰出的文物专家。

1933年,善于把握机遇的哈默又一次从成功的古董商转为酿酒业的巨人。

富兰克林·罗斯福就任美国总统后,实行新政,全国百废待兴,急需拓展消费市场。哈默敏锐地察觉到:1919年通过的禁酒令就要废除了，全国对酒桶和威士忌的需求会出现空前的紧缺局面。于是，他从苏联购进大量制酒桶用的白橡木，并且建立了现代化的酒桶厂。果然，当禁酒令废除之日，其产品被酒厂以高价抢购一空。

第二次世界大战爆发后，由于物资匮乏，酿酒工厂被禁止用粮食酿酒，威士忌酒一时成了热门货。哈默看准行情买下了5 500股美国酿酒厂股票，并以拥有5 500桶烈性威士忌酒作为股息。2个月后，股票的价格从90元升到了150元。哈默将5 500桶酒贴上自己的"丹特"牌商标在市场上出售，转眼工夫就卖掉了2 500桶。

两年后，哈默的"丹特"牌威士忌酒一跃成为美国第一流名酒，哈默本人也成为美国第二大威士忌生产商。

此后，哈默还当过牧场主、企业家，而且非常成功。哈默的随机应变招数令全美国人目瞪口呆，真不负"万能博士"的美誉。

别让你成为自己最难击败的对手

美国《运动画刊》上登载了一幅漫画，画面是一名拳击手累瘫在练习场上，标题为"突然间，你发觉最难击败的对手竟是自己"。这个标题实在耐人寻味。

有一个学习成绩优秀的青年，去报考一家大公司，结果名落孙山。这位青年得知消息后，深感绝望，顿生轻生之念，幸亏抢救及时，自杀未成。不久传来消息，他的考试成绩名列榜首，是统计考分时电脑出了差错，他被公司录用了。但很快又传来消息，说他被公司解聘了，理由是一个人连如此小的打击都承受不起，又怎么能在今后的岗位上建功立业呢？这个青年虽然在考分上击败了其他对手，可他没有打败自己心理上的敌人，他的心理敌人就是惧怕失败，对自己缺乏信心，遇事总给自己制造心理上的紧张和压力。

在追求成功的道路上，我们发现一部分人失败了，另一部分人却成功了，这究竟是什么原因呢？这其中的主要原因是：前者被自己打败，而后者却能打败自己。

美国有位叫凯丝·戴莱的女士，她有一副好嗓子，一心想当歌星。遗憾的是，她嘴巴太大，还有龅牙。她初次上台演唱时，努力用上嘴唇掩盖龅牙，自以为那是很有魅力的表情，殊不知却让别人感觉滑稽可笑。有位男听众很直率地告诉她："你不必掩藏龅牙，你应该尽情地张开嘴，相信观众看到你真实大方的表情后一定会喜欢你的。也许你所介意的龅牙，会为你带来好运呢！"一个歌手在大庭广众之下暴露自己的缺陷，首先是要用理智说服自己，还要有勇气打败自己。凯丝·戴莱接受了这位男听众的忠告，不再为龅牙而烦恼，她尽情地张开嘴巴，发挥自己的特长，终于成为美国歌唱界的大明星。

一个人要挑战自己，靠的不是投机取巧，不是耍小聪明，而是信心。

世界著名的游泳健将弗洛伦丝·查德威克，一次从卡得林那岛游向加利福尼亚海湾，在海水中泡了16个小时，只剩下一海里时，她看见前面大雾茫茫，潜意识发出了"何时才能游到彼岸"的信号，她顿时浑身困乏，失去了信心。于是她被拉上小艇休息，失去了二次创造纪录的机会。事后，弗洛伦丝·查德威克才知道，她已经快要登上成功的彼岸了，阻碍她成功的不是大雾,而是她内心的疑惑,是她自己在大雾挡住视线之后,对创造新的纪录失去了信心,然后才被大雾所俘房。过了两个多月,弗洛伦丝·查德威克又一次重游加利福尼亚海湾,游到最后,她不停地对自己说:"离彼岸越来越近了!"潜意识发出了"我这次一定能打破纪录"的信号,她顿时浑身来劲儿,最后,弗洛伦丝·查德威克终于实现了目标。

人有了信心,就会产生意志力量。人与人之间、强者与弱者之间、成功与失败之间最大的差异就在于意志力量的差异。人一旦有了意志力量,就能战胜自身的各种弱点。

当你需要勇气的时候,就能战胜自己的懦弱;

当你需要勤奋的时候,就能战胜自己的懒惰;

当你需要廉洁的时候,就能战胜自己的私欲;

当你需要谦虚的时候,就能战胜自己的骄傲;

当你需要宁静的时候,就能战胜自己的浮躁。

人生最大的挑战就是挑战自己。这是因为其他敌人都容易战胜,只有自己是最难战胜的。有位作家说得好:"自己把自己说服了,是一种理智的胜利;自己被自己感动了,是一种心灵的升华;自己把自己征服了,是一种人生的成熟。大凡说服了、感动了、征服了自己的人,就有力量征服一切挫折、痛苦和不幸。"

第六章 一样的时间，不一样的生活

要克服拖延的习惯，就要善于对自己的时间进行管理。要充分认识到时间的价值，充分珍惜时间与利用时间，不能把时间浪费在一些无关紧要的事情上。要懂得赢得时间，与时间赛跑，走在时间的前面。要把自己有限的时间用在刀刃上，集中时间去做最紧要的事情，切不可平均分配自己的时间。同时，要充分珍惜现在的时间，切不可让时间白白地溜掉，让事情拖而不决，白白丧失成功的机遇。

成功与失败的界限在于分配时间

一个百万富翁和一个穷光蛋至少在某一方面是完全一样的——他们一天都只有24小时，1440分钟……

在富兰克林报社前面的商店里，一位犹豫了将近一小时的男人终于开口问店员了："这本书多少钱？"

"1美元。"店员回答。

"1美元？"这人又问，"你能不能少要点儿？"

"它的价格就是1美元。"没有别的回答。这位顾客又看了一会儿，然后问："富兰克林先生在吗？"

"在，"店员回答，"他在印刷室忙着呢。"

"那好，我要见见他。"这个人坚持一定要见富兰克林，于是，富兰克林就被找了出来。

这个人问："富兰克林先生，这本书的最低价格是多少？"

"1.25美元。"富兰克林不假思索地回答。

"1.25美元？你的店员刚才还说1美元1本呢！"

"这没错，"富兰克林说，"但是，我情愿倒给你1美元也不愿意离开我的工作。"

这位顾客惊异了。他心想，算了，结束这场自己引起的谈判吧，于是说："好，这样，你说这本书最少要多少钱吧？"

"1.5美元。"

"又变成1.5美元了？你刚才不还说1.25美元吗？"

"对。"富兰克林冷冷地说，"我现在能出的最低价钱就是1.5美元。"这人默默地把钱放到柜台上，拿起书出去了。

这位犹豫不决的人上了终生难忘的一课：犹豫是要付出代价的。

"你热爱生命吗?那么就别浪费时间,因为时间是组成生命的材料。"

"记住,时间就是金钱。假如说,一个每天能挣10个先令的人,玩了半天,或躺在沙发上消磨了半天,他以为他在娱乐上仅仅花了6个便士而已。不对!他还失掉了他本可以获得的5个先令。……记住,金钱就其本身来说,绝不是不能升值的。钱能生钱,而且它的'子孙'还会有更多的'子孙'。谁杀死一头生仔的猪,那就是消灭了它的一切后代;如果谁毁掉了5个先令的钱,那就是毁掉了它所能产生的一切,也就是说,毁掉了一座英镑之山。"

这是为成功学大师所普遍推崇的美国著名的思想家本杰明·富兰克林的一段名言,它通俗而又直接地阐释了这样一个道理:如果想成功,必须重视时间的价值。

拿破仑·希尔指出:利用好时间是非常重要的。如果不好好规划一下一天的时间,它就会消失得无影无踪,我们就会一事无成。经验表明,成功与失败的界线在于怎样分配时间,怎样安排时间。人们往往认为,这儿几分钟、那儿几小时没什么用,其实它们的作用很大。

但是大部分的人却总是在抱怨他们的时间不够多,事情做不完。

对每个成功的人来说,时间管理是很重要的一环。时间是最重要的资产,每一分每一秒逝去之后都不会再回头,问题是如何有效地利用自己的时间呢?

研究时间管理之道,首先必须知道,一个小时没有60分钟。事实上,一个小时内只有利用到的那几分钟而已。

你一天要浪费几个小时呢?如果真想知道,不妨来做一个实验。首先,找一份记事历,把每一天划分成3个小时的区域,然后再把每个小时划成60分钟的小格。在之后整个星期里面,随时把所做的事情记录在划分的表格中,连续做一个星期试试看,再回头来检查一下记事历,就会发现,由于拖延和管理不良,浪费了多少宝贵的光阴。

当你了解了如何使用时间之后,再回头重做一次实验。这一次多用点儿心来计划时间,把需要做及想要做的事仔细安排进你的时间表,再看效率是否会好一点儿。

记住:时间是唯一可以卖给他人或自己的东西,对时间的利用率越高,就越可以卖个好价钱。

珍惜时间最重要的是珍惜现在

"时间就是金钱""时间就是生命"。人们虽对时间高度重视,但人们忽略了时间的关键是现在,珍惜时间最重要的是珍惜现在。

有则寓言故事说:某段期间,因为下地狱的人锐减,阎王便紧急召集群鬼,商讨如何诱人下地狱。群鬼各抒己见。牛头提议说:"我告诉人类,'丢弃良心吧!根本就没有天堂!'"阎王考虑了一会儿,摇摇头。马面提议说:"我告诉人类,'为所欲为吧!根本就没有地狱!'"阎王想了想,还是摇摇头。过了一会儿,旁边一个小鬼说:"我去对人类说,'还有明天!'"阎王终于点了头。

因为世上没有天堂,你可以丢弃良心;因为世上没有地狱,你可以为所欲为。但这都不足以把一个人引向死亡。也许没有几个人会想到可以把一个人引向死亡的竟然是"还有明天"。

一个连今天都放弃的人,哪有资格去说"还有明天"呢?

所以古人说，今日事今日毕。人要学会的不是去设想还有明天，而是要将今天抓在手掌里，将现在作为行动的起点，这样做才是真正有了明天。可惜许多人到老了才明白这一点。

动物只有本能欲求，而人有更高的理想，但人生是短暂的，理想最容易因时间而搁浅，明白了时间有限的人，往往会抛开与理想无关的欲求，从现在开始，在有限的时间内实现自己的目标。

赢得时间就要立刻动手

要想赢得时间，首先必须明白时间是怎样被耗费的。而要想知道时间的耗费情况，又必须先记录时间。我们应该养成勤于记录时间消耗的习惯。办法是在做完一件事之后，立即记录下所耗费的时间，每天一小结，连续记一周、两周或一个月，然后进行一次总体分析，看看自己的时间究竟用到了什么地方，并从中找出浪费时间的原因。

专家研究证明，凡是这样做的人，对于节省时间、提高效率帮助甚大。现在人们常常把"应该"花费的时间，看成是实际已经花费的时间，而这两者往往是不相等的两个量。比如，有人问一位领导者："您今天上午做了什么，花了多少时间？"答曰："起草报告花了三个小时。"其实，在这3小时中，他喝茶、抽烟花费了18分钟；中途休息了两次，花费了23分钟；与同事聊天，花费了27分钟；接3次电话，花费了5分钟。这些总共花费了73分钟，实际上真正用于起草报告的时间只有1小时47分钟。可见浪费的时间是多么惊人。因此，进行时间消耗记录，对时间使用进行统计分析，对于每个人提高时间利用率是一件十分重要的工作。

第六章 一样的时间，不一样的生活

依据效率研究专家的说法，在相同的时间内，用相同的劳力做尽可能多的事情的最佳方法就是即时处理。

所谓即时处理，简单地说，就是凡决定自己要做的事，不管它是什么事，就立刻动手去做。"立刻"这一点至关重要。立刻动手，不仅省去了记忆、记载或从头再干的功夫，而且可以解除把一件事总记挂在心上的思想包袱。如果对一切事务性工作都采用"一次性处理"，那么就省去了对一件事第二次、第三次再干的功夫。如果有信件需答复，应看完来信后立即动手写回信。如果拖延几天再写，就得再读一次来信，当然就得多费一些功夫了。如果有事非得做决定，便立刻做出决定。脑海中一旦闪现出对工作有用的想法和主意时，要马上动手记下来。无论什么事，"再来一次吧"都会造成时间浪费。诚然，有些事情是需要深思熟虑的，是需要花时间考虑的，但对于不太重要的事或急事，立刻动手干则是上策。

然而，有一些人却有一个很不好的工作作风——拖延，本来可以随手处理的事，却拖得几天几周办不了；几天内可以办的事，却几个月不见下文。

要赢得时间，必须养成随手处理可以处理的事情的作风，不能依赖明日。否则，就如古诗所云："明日复明日，明日何其多？我生待明日，万事成蹉跎。"

学会赢得时间要从重视每一天开始。重视每一天即意味着连现在的一小时也很重视，重视一小时即连目前的一分钟也很重视，而重视时间也意味着重视每一瞬间。

出身贫寒却因为不断努力而闻名世界的法国昆虫学家法布尔，是一个能在工作中发现生活意义的人。法布尔说："忙得连一分钟休假时间都没有，对我来说才是最幸福的事。工作就是我最重要的生活意义。"他是个非常努力的人，从少年时代对昆虫有兴趣后，为了深入研究，遂倾尽心力，即使一分一秒

-117-

也不浪费掉，因此他最后完成了一部名著《昆虫记》。

我们常说："今天一定要达到这个标准。"可是这并不表示只要在今天结束以前能达成目标就好了。有句话说："时间就是现在。"其意思就是要我们现在立刻出发。"今天这一天"并不仅指24小时，应该指现在的一分钟。所以，要你"今天一整天去奋斗"，也就是要你把握现在的每一小时、每一分钟去奋斗的意思。

只要能够养成珍惜每一刻而去努力的习惯，这样累积下去，就会产生出好的结果。

成功的人都会时间管理

紧张与压力，导致诸多人产生倦怠、心悸、头昏、高血压等病症。然而，心理专家指出，如果懂得时间管理，这些压力就可以减轻甚至消失。时间管理做得好，还可以更有效地帮助你完成工作与生活计划。

你一定想问："时间一分一秒地走掉了，怎么管理？"的确，时间是不等人的，没有人能"控制"时间，真正能控制的，其实是自己。而所谓的时间管理依照专家的说法，正确的定义应该是"自我管理"。

天下没有什么秘诀可以控制时间，真正需要控制的只有自己。那些经常喊"忙"的人，就是失了"心"的人。有心的人，永远不会喊忙，因为他的生活方向很清楚，知道自己在做什么。

要管理时间，就需要先管理自我，找出自己浪费时间的毛病，才能对症下药。根据调查研究，一般人最容易犯的毛病是拖延、缺乏计划、沟通不良、授权不当、犹豫不决、缺乏远见与无法贯彻始终等。换句话说,大多数浪费时间的毛病都是"自找"的。很多人希望面面俱到,于是拼命把过多的责任加在自己身上。结果,因自己能力不足而产生挫折感。专家建议,先确立态度,再排定先后顺序,定出远期和近期目标。大至拟定人生方向,小至拟定每天、每月、每年的行事日程时,都应遵守。譬如,你发觉自己一天精力最旺盛的时候是在上午,就应把最重要的事排在这段时间内处理。一天中精力最差的时段,如果是在下午五六点,那就去做些无关紧要的事。

有句话说得好:"有效的时间管理,就是一种追求改变和学习的过程。"上帝是公平的,不管是谁,一个人一天永远只有 24 小时,你可以过得很从容,也可以把自己弄得凌乱不堪。"没有时间"绝对不是借口,那是你自己的选择。

忙里可以偷闲。一个人要知进能退,要懂得拒绝,要清楚有些事情是不是值得为它去拼命?如果不值得,干脆就放掉,另起炉灶。若是遇到一些处理不了的事,自己没办法解决,就去寻求外援,集思广益,或找别人一起分担。

我们常常听到很多人抱怨"很忙""没有时间娱乐",或者是"已经好几年没有看电影了",这样抱怨的人犯了一个最大的毛病:太强调自己的重要性,认为自己是不可取代的。尤其是位置坐得愈高的人,这个毛病愈严重。有很多时候,不是他真的没时间,而是自己放不开。这种人总是口口声声说"等我有时间""等我有空"……结果他一辈子都没等到时间,一辈子都没享受到生命之趣。

如果你时间安排得好,你就可以去听音乐会、看表演、做自己想做的事。时间管理的一个原则是:对每一件事都尊重,包括休闲。心情是可以创造的,时间是可以掌握的,善于安排的人,永远不会喊"忙",因为他知道自己要什么与不要什么。

有个叫尼勃逊的人,通过对百年来活跃于世界实业界的人士调查发现,这些人成功的关键在于,他们善于利用闲暇时间去学习。

　　什么是闲暇时间呢？一般来说，闲暇时间就是可以供人们自由支配的时间，也就是我们平常所说的业余时间，也有人称之为"8小时之外"的时间。但是，严格地说，真正的闲暇时间应该排除用于家务、饮食等方面的时间，即完全可供个人自由支配的时间。自由，是闲暇时间的一个特点。一般来说，工作时间不能自由支配，工作时间的流向是基本确定的，具有一定的稳定性和限制性。例如，在工作时间里，务工的不能从医，从医的也不能务工。然而，闲暇时间却截然不同，它没有强行规定人们的去向，自由度很大，基本上可以凭自己的兴趣加以选择。在闲暇时间中，人们为了满足自己的需要，可以去从事能够反映自我个性的有价值、有意义的活动。

　　善于利用闲暇时间，就要确立"闲暇时间是宝贵财富"的观念。当代著名的法国未来学家贝尔特朗·德·菇维涅里提出，在未来的社会，人感到最主要的不是能用于买到一切的钱，也不是商品，而是业余时间——这种时间可给人以知识文化。有人算了一笔账，虽然对于正在工作的人来说，在一天里闲暇时间几乎等同于工作时间，但从一生来看，闲暇时间几乎4倍于工作时间。闲暇时间是有志者实现志向的大好时光，是创业者艰苦创业的良时美辰。另外，在闲暇时间里，人们的体力和脑力能得到补偿，家庭关系更加和睦，社会交往不断扩大，人与人、人与社会的关系进一步融洽；还可通过在闲暇时间里开辟"第二职业"使自己的才能得到充分发展；通过业余学习和娱乐，使自己的知识结构得到改善和提高，人格得以升华。对脑力劳动者来说，闲暇时间有时比苦思冥想更能促进思想上的突破，它能激发人的心理潜力，使大脑中几十年来收藏的各种材料、经验一一沟通，产生新的思想。如果只把"8小时以内"看作是真正意义上的一天，而把闲暇时间只当作这三分之一时间的附属品，怎么能指望享受一天快乐的生活呢？又怎么能指望取得人生的更大成功呢？

科学地安排闲暇时间的方式是多种多样的，也是因人、因地、因时而异的。主要有以下几种方式：一是开发式，就是把闲暇时间作为开发自己潜能、实现自我价值的时间；二是结合式，即闲暇时间与工作时间相互反馈、相互影响，实际上就是把闲暇活动作为本职工作的延伸与扩展、专业知识的储备和补充；三是陶冶式，即在闲暇时间里从事多种有益活动，以陶冶性情，增长学识；四是调剂式，即闲暇活动与工作互相调剂，比如脑力劳动者在闲暇时间最好是干些体力活儿，室内工作者在闲暇时间最好到室外去，逻辑思维的闲暇时间应以形象思维为主。调剂的另一层意思是做到紧松、忙闲、劳逸、张弛相结合。即既不是只张不弛、张而忘弛，搞得很紧张，也不是弛而不张、弛而忘张。力戒一味求闲，闲上加闲，提倡张弛结合，劳逸适度。

闲暇时间是可贵的，闲暇时间是惊人的。据一所世界体育中心调查：一个70岁的人，一生的工作时间是16年，睡眠时间是19年，剩下的便是闲暇时间。可见，所谓时间管理，就其本质来说，主要是对闲暇时间的管理。

一段时间内集中精力去做一件事情

若一个人做事时能够不错过一分一秒，那他在事业上一定能占有很大的便利。拿破仑就曾经这样说，他之所以能够击败奥地利军队，就因为奥地利的军人不懂得"五分钟"的价值。

许多人每天都在做着与自己的兴趣不符的工作，他们总是自叹命苦，专等机会来时再去找称心如意的工作。殊不知光阴似箭，时间永远是一去不返的，如果不早回头，今天马虎过了，明天又再等一会儿，等到把大好的青春时光糊里糊涂地混掉之后，再想回头重新学习新的技能时，已经来不及了。这样的惰性与慢性自杀又有什么区别呢？

一般青年大多不注重事业成功的要素，他们常把事情看得过分简单，不肯集中自己所有的精力去努力。在人生之路上，任何人都应该把精力集中在某一种事业上，不断工作，不断学习。你所花费的功夫愈大，所学得的经验愈多，做起事来也就愈觉得容易。

在你刚开始走入社会工作时，一定满腔热情、浑身是劲，你应该把这些精力全部放在事业上。无论你从事什么样的工作，都要用心努力地去经营，之后，当你发现它们所带给你的成果时，你一定会惊讶不已。

歌德说："你适合站在哪里，你就应该站到哪里。"这正是给那些三心二意的人的最好忠告。不论任何人，假使不趁年轻力壮的黄金时代训练自己，使自己具备一种集中精力的良好特质，那他以后一定不能成就什么事业。一个人最大的损失，莫过于把精力毫无意义地分散到很多方面。一个人的能力和精力毕竟有限，要想样样精通，是很难办到的。如果你想成就事业，就请一定牢记这条定律。

大多数人，假使一开始就充分利用自己的精力，不让它分散到一些毫无意义的事情上，他就有成功的希望，可是偏偏有人今天东学一点儿，明天西碰一下，他们看起来整日忙碌，但最终白忙一生，什么事也没有做成。

聪明的人都知道，一个人必须倾注于一件事，只有这样才能达到目标。只有善用自己不屈不挠的精神、百折不回的意志及持续不断的恒心，才能在竞争中取得胜利。

有经验的园艺家，有时会把许多能够开花结果的枝条剪去，这在一般人看来一定不可思议。为了使树木迅速生长、果实更加饱满，就必须将这些多余的枝条剪掉。

那些有经验的花匠，为什么一定要把许多快要开放的花蕾剪去呢？它们不是一样可以开出美丽的花朵吗？他们剪去其中的绝大部分，可以使所有的养料都集中在剩下的花蕾上，当这些花蕾开放后，便会成为稀有、珍贵而硕大的奇葩。

正如培植花木一般，与其把我们所有的精力分散到许多无关紧要的事情上，不如看准一项最重要的事业，然后集中精力，埋头去干，这样一定可以收到良好的效果。

如果你想成为一个众望所归的领袖，成为一个才识渊博、无人企及的人物，就得清除所有杂乱无章的念头。如果你想在某一方面取得成就，就得大胆张开"剪刀"，把那些微小、平凡、没有把握的希望完全剪去，即使有些事情已经稍具头绪或着手去做了，也要当机立断、忍痛割爱。

世上的失败者，并不是因为他们没有才干，而是因为他们不肯集中精力去做适当的工作。他们过于分散自己的精力，而且从未顿悟。如果把那些七零八碎的欲望一一消除，集中自己的精力去培植一朵花，那么将来一定会结出十分丰硕的果子。

对一个领域百分之百地精通，要比对100个领域各精通1%强得多。因此，拥有一种专门技巧，要比那种样样不精的多面手容易成功，因为他会时时刻刻地在这方面力求进步，随时都注意自己的缺陷，把事情做得尽善尽美。反之，如果一个人什么都想做，他就会忙不过来，因为他既要顾到这个，又要想到那个，事事只能"将就一点"，最终只能一事无成。

利用现在的时光，不要放过一分一秒

回避现实的表现形式多种多样，在我们的生活中，不难发现类似于下面这几个例子的情形。

别让拖延毁了你的人生

一天下午，萨娜决定到森林里走走，让自己沉浸于大自然之中，享受一下悠闲的时光。可是到了森林里，她好像失落了什么东西，思绪开始游荡不定，又想起了家里的各种事情——孩子们快要下班了，还要去买菜，房间还没打扫，家里现在不知怎么样……

她不时地想着自己离开森林之后要做的种种家务，悠闲的时光就这样在回忆过去和思考将来之中流逝了。当然，她是不可能在美好的自然环境中享受一次难得的悠闲时光的。

尼克太太好不容易得到了一个到海岛去度假的机会，于是她每天都到海边晒太阳，但她不是为了在那清新凉爽的海边感受海风吹拂、阳光照射的乐趣，而是猜想自己度假回家之后，当朋友们看到她那红里透黑的皮肤时会说些什么。她的思绪总是集中于将来的某一时刻，而当这一时刻到来时，她又惋惜自己不能享受在海滨晒太阳的悠然。

杰克是一个中学生，放学后父母叫他赶紧阅读课文，其实，杰克此时并不想学习，他心里惦着电视上的足球比赛，可又不敢不听父母的话，于是只好强迫自己读下去。过了很久，他发现自己才读了三页，脑子也总是走神儿，而且完全不知道自己在读些什么，他似乎纯粹在参加一个阅读仪式。

上面例子中的几个人都没有充分把握自己的现时时光，他们没有让自己在现时中得到很好的享受。现时，是一种难以捉摸而又与你形影不离的时光，如果你完全沉浸于其中，便可得到一种美好的享受。因此，你应该充分享受现时的每分每秒，而不必去考虑已过去的往日和自然到来的将来。抓住现在的时光，这是你能够有所作为的唯一时刻。不要忘记，希望、期望和惋惜都是回避现实的表现。

回避现实往往导致对未来的一种理想化。你可能会想象自己在今后生活中的某一时刻会发生一个奇迹般的转变，一下子变得事事如意、幸福无比、财富无限，或者期望自己在完成某一特别业绩——如大学毕业、结婚、有了孩子或职务晋升之后，将重新获得一种新的生活。然而，当那一刻真正到来时，你却并没获得自己原先想象的幸福，甚至往往有些失望。未来永远没有你所想象的那么美好，它只是一种切切实实的"现时"。为什么许多年轻人婚后不久就哀叹生活与婚姻的不幸？其中一个原因就是——他们曾经将婚姻和未来幻想得过于幸福美满，而当这一切真正到来时，当他们置身于现时生活中，他们又不愿面对这些现实。

当然，如果生活中的某些方面并没有达到你原先的期望，你可以通过对未来的再一次理想化而将自己从低沉的情绪中解脱出来，但千万不要让这种恶性循环成为你的一种固定生活模式。

美国著名小说家亨利·詹姆斯在《使节》一书中如此忠告："尽情地生活吧，否则，就是一个错误。你具体做什么都关系不大，关键是你要生活。假如没有生命，你还有什么呢？……失去的就永远失去了，这是无可置疑的。……所谓适当的时刻就是人们仍然有幸得到的时刻……生活吧！"

如果你也像托尔斯泰书中的伊凡·伊里奇那样回顾自己的一生，你将发现自己很少会因为做了某事而感到遗憾。

"如果我到目前为止的整个生活都是错误的，那该怎么办？他忽然意识到以前在他看来完全不可能的事也许的确是真的——他也许真的没有按照他本应做的那样去生活。他忽然意识到，自己以前那些难以察觉的念头——尽管出现之后便随即被打消——或许才是真的，而其他一切则是虚假的。他的职业、他的生活以及家庭的整个安排，还有他的一切社会利益和表面利益，也许完全都是虚无的。他一直使自己为所有这一切进行辩解，然而现在，他蓦然感到自己的辩解是苍白无力的。没有什么值得辩解的……"

别让拖延毁了你的人生

现实中，正是那些你所没做的事情才会使你耿耿于怀。因此，你现在应该去做的事情十分明显——行动起来！珍惜现在的时光，充分利用现在的时光，不要放过一分一秒。否则，如果你以自我挫败的方式度过现在的时光，就无异于永远地失去这一现时。

时间管理让有限的时间产生更重要的意义

人的一生是有限的，多则百年，少则几十年。如果一个人能活到70岁，那么，它的全部时间就是六十多万个小时。如果把一生的时间当作一个整体运用，那么就是到了三四十岁，也可以认为现在才是起点，即使到了五六十岁，还有许多有效时间可以利用。但时间又显得是那样容易逝去，如果你只是活一天算一天，到了三四十岁，就会感到人生的道路已走一半了。"人过三十不学艺"，结果只能是无所事事地混过晚年。许多本来可以好好利用的时间，就这样白白地消磨过去了。

我们中的许多人就是这样，随意把时间浪费掉，虽然他们在此时是自由的，但在随之而来的社会竞争面前，却很可能不自由，会丧失某些原本属于他们的机遇。

一位著名的学者在他的一本关于有效管理时间的书中写道："关于管理者的任务的讨论，一般都从如何做计划说起。这样看来很合乎逻辑。可惜的是，管理者的工作计划很少真正发生作用。计划只是纸上谈兵，是良好的意见而已，而很少能转为成就。根据观察，有效的管理者不是从他们的任务开始，而是从掌握时间开始。他们并不以计划为起点，认清他们的时间用在什么地方才是起点。"

人在时间中成长，在时间中前进。唯有时间，才能使智力、想象力及知识转化为成果，使人的才能得到充分发挥，尽快踏上成功之路。若没有充分利用时间的能力，不能认识自己的时间、计划自己的时间、管理自己的时间，那只会失败。

时间，是成功者前进的阶梯。任何人想要成就一番事业，都不可能一蹴而就，必须踩着时间的阶梯一级一级攀登。

时间是成功者胜利的筹码。成功要有定向积累的过程，世界上从来没有不花费时间便唾手可得的成功。时间对于人的意义是巨大的。歌德曾后悔地说："我在许多不属于我本行的事业上浪费了太多的时间，假如分清主次的话，我就很可能把最珍贵的金刚石拿到手。"我们再假定，如果歌德活到六七十岁即去世，那他的伟大巨著《浮士德》肯定完成不了。

在当今的社会中，时间被看得越来越重要，能否有效地运用时间、提高时间管理的艺术，成为决定成就大小的关键因素。现代资讯的增加，知识陈旧周期缩短，使人才越来越带有不固定性，而有效地对时间进行利用成为一种需要。

时间是一种重要的资源，却无法开拓、积存或是取代，每个人一天的时间都是相同的，但是每个人却有不同的心态与结果，主要是人们对时间的态度颇为主观，不同的人，对时间会持不同的看法，于是在时间的运用上就千差万别了。

对时间管理应有怎样的认识？如何与时间拼搏？这些对任何一个人而言，都具有积极的意义。

时间管理，就是如何面对时间的流动而进行自我管理，其所持的态度是将过去作为改善现在的参考，把未来作为努力方向，好好把握现在，运用正确的方法做正确的事。要与时间拼搏，就要明白下面一些理念：时间管理的远近分配。为了能掌握时间，每一个人可根据自己的目标安排10年的长期计划，3年或5年的中期计划甚至季或月的执行计划，计划亦可根据不同的职务层次，安排10年的经营目标或3至5年的策略目标。

时间管理的优先顺序：为了使有限的时间产生效益，每一

别让拖延毁了你的人生

个人都应将其设定的目标根据自身意义的大小编排出行事的优先顺序——第一优先是重要且紧急的事,第二优先是重要但较不紧急的事,第三优先是较不重要却紧急的事,第四优先是较重要且并不紧急的例行工作。

时间管理的限制突破:任何目标的达成都会受到人、物、财3种资源的限制,若能客观地找出这些限制因素,并寻求不同的突破方法,可使目标的达成度增高,亦可表示预期目标的实际性,以避免理想成为空想、时间白白浪费。

时间管理的计划效率:没有计划,行动的效率就会大打折扣,而计划后才能看出实际行动中可能产生的风险,以提醒自己注意,使理想与现实能够结合。

时间管理的结果、评估:任何行动,都必须对结果进行评估,以清楚地了解目标计划的超前与落后、各种未曾预测到的限制发生与可能的风险因素,以重新调整或改进,使整个时间的流动更为顺畅。

我们要与时间拼搏,就是要有效地管理我们的时间,让有限的时间对于我们的工作具有更大的意义。

第七章 主动的人不会为拖延找借口

　　一些人总是拖延的原因在于他们没有主动的精神，遇上事情总是喜欢消极等待。他们不知道生命在于运动，成功在于行动，最怕是一动不动。如果你放弃了主动，就意味着你不仅仅拖延了一件事，而且很有可能放弃了辉煌的未来，因为你可以放弃主动一件事，紧接着你就可能会拖延两件、3件、100件事。

敢为就是要告诫自己去做事、敢做事

生活总是在不断变化，也总是在向前、向进步的方面转化。作为社会中的人，不可能整天面对一成不变的事情。做企业要面对市场的变化，做学问要面对知识的更新，做管理要面对人事的变动。对于这些变化，如果我们没有敢为的心态是不行的。没有敢为的心态，就会害怕变化、害怕未知，就会使我们的生活、我们的事业越来越糟糕。

有了敢为的心态，才会使我们成为一个挑战者，愿意尝试新事物，愿意接触陌生人、做陌生事，探索未知领域。我们有了这样的心态，就不会太安于现状，也不会留恋过去，不会让知足与惰性主导自己的行为。很多不敢为的人就有满足现在、留恋过去的心态，总喜欢对目前所取得的一点小小的成就沾沾自喜，对过去一些微不足道的所谓成功津津乐道。日复一日，年复一年，在常规中度过一生，无所作为。

看看我们身边的人，不敢为的人是大多数。他们之中不乏才华横溢者，也不乏具有真知灼见者，可事实上他们都一事无成。为什么会这样？他们原来就是这样的人吗？不是的。我们谁都是天才，包括你，也包括我，这句话绝对没有错。可是你我从小到大，一直都很普通，既没有震惊世界的举动，也没有拥有亿万家财，甚至连生存都是个问题。我们的现状与天才相差甚远，但是这与我们是否是天才无关，因为我们一直不想做事，也不敢做事，所以就不得不去平庸了。我们现在习惯过着几乎一成不变的生活——上班、回家、上班，从来没有想过要改变。就算是对此感到不满，也只能在酒桌上借着酒劲儿发发牢骚，第二天仍旧重复今天的日子。

回想一下，我们为什么如此平庸？我们真正想做过一件事情吗？即使想过，去做了吗？从骨子里，我们就没有觉醒过，告诫自己要去做事、要敢做事。

我们仿佛听命于一只无形大手的操纵，一生中只在几条胡同里钻来钻去。没有敢为的心态，自然没有敢为的习惯。而当遇到有困难、有风险的事情时不敢面对，所以现在连我们自己都不清楚自己到底能做什么。不知道自己能做什么，自然不敢做什么。这样就形成了我们懦弱的性格。

而那些大有作为的人恰恰与我们相反，他们敢于放弃、敢于挑战、敢于冒险，成功自然要属于他们这样的人。

关于敢为的心态和敢为型性格，先人早已一语道破。许多天才因缺乏敢为的心态而在这世界上消失。每天默默无闻的人们被送入坟墓，他们由于胆怯，从未尝试着努力过；他们若能接受诱导而起步，就极有可能功成名就。

成功者总在做事

成功者总在做事，失败者总在许愿。如果一个人认真地考虑过他所负担的责任，那么，他会立即采取行动。

有的人养成了拖延的习惯，却常常用一些漂亮的言辞来掩盖。说什么"我正在分析"，可是无数个月过去了，他们还在分析。他们没有意识到，他们正在受到某种被称为"分析麻痹"的病毒的侵蚀，他们在拖延的泥沼里越陷越深，永远也不能实现自己的梦想。还有另外一种人，他们在拖延时是以"我正在准备"做掩护的，可一个月过去了，他们仍然在"准备"，好多个月过去了，还没有准备充分。他们没有意识到这样一个严重的问题，他们正在受到某种被称为"借口"的病毒的侵蚀，而不断为自己寻找借口。

有一首著名的诗是这样写的：

"他在月亮下睡觉，

他在太阳下取暖，

他总是说要去做什么，

但什么也没做就死了。"

这就像我们还是一个小男孩的时候，我们对自己说，当我成为一个大男孩的时候，我会做这做那，我会很快乐；而当我们成为一个大男孩之后，我们又说，等我读完大学之后，我会做这做那，我会很快乐；当我们读完大学之后，我们又说，等我找到第一份工作的时候，我会做这做那，我会很快乐；当我们找到第一份工作之后，我们又会说，当我结婚的时候，我会做这做那，我会得到快乐；当我们结婚的时候，我们又会说，当孩子从学校毕业的时候，我会做这做那，并得到快乐；当孩子从学校毕业的时候，我们又说，当我退休的时候，我会做这做那，并得到快乐。而当我们退休的时候，真正步入了晚年，我们看到了什么？我们看到生活已经从我们的眼前走过去了。

什么是时间？我们在哪里？对这两个问题的回答是：时间是现在，我们在这里。"让我们充分利用此时此刻"。这句话的意思并不是说我们不需要去计划未来，相反，这正意味着我们需要计划未来。如果我们最大限度地利用此时此刻，善用现在，那么我们就是在自动地播种未来的种子，难道不是吗？

生活中最可悲的话语莫过于"它本来可以这样的"。生命不会开玩笑，从来不会使用虚拟语气的说法。我们之所以会把问题搁置在一旁，最主要的原因就在于我们还没有学会对自己的人生负责，这也是我们后来后悔的时候痛苦不堪的原因。

个人的行动是我们唯一可以有能力支配的东西，这些行动的综合体不仅成了我们的习惯，而且也成了我们的性格。研究、准备是必要的，但总也走不出这种状态和过程则是不对的，许多机会稍纵即逝，时势也总在发生变化，不会静态地等待着我们准备得十全十美、完全到位。

我们常常会羡慕那些一大早就起床晨跑的人，为什么他们可以如此？其实，自律并不是与生俱来的本能，自律是一种意志力训练下的产物，当意志力能够战胜本能的欲望时，自然就可以起个大早去晨跑，而不是继续躺在床上赖床了。

可将自律视为一种游戏。例如，游戏规则可以定为：若每天早上闹钟响了5分钟后，你还是没起床的话，就必须马上去冲下冷水来惩罚自己。不过，如果能够持续两三个星期准时早起而不中断的话，那么，让所有的见证人请吃大餐作为奖励吧！同样，我们也可以把这种方式应用在生活的其他方面，来增强自己的自律能力。

不要以失败作为借口，要知道，自律需要经过一段时间的考验方可成功。同时，自律也是通向成功的必经之路，唯有经过不断地努力，再加上一点耐心，我们才可能逐渐地养成自律的好习惯，进而向自己的人生目标前进。

既然选定了目标，那就毫不犹豫地走下去吧！这样你才不会后悔，才会发现生命原来如此美好。

现在就做，那么我们将在顶峰相会

释迦牟尼曾有一番颇具启示性的话，说世界上有四种马，第一种马是看到主人的鞭子就立刻飞奔出去的骏马；第二种马是看到了别的马被鞭打，就立刻快步奔跑的良马；第三种是要等到自己受了鞭打才开始跑的凡马；第四种是非要受到严厉的鞭打才开始走的驽马。同样，世界上也有四种人，第一种人早早地看到别人陷入老、病、死的痛苦中就立刻心生警惕；第二种人要等到老、病、死离自己不远时才会心生警惕；第三种人必须是自己的近亲陷入老、病、死的痛苦才知道警惕；第四种人是非要自己亲身感到了老、病、死的痛苦才会悔不当初。

我们可以由这个比喻发挥一下，说遇到问题时，世界上有这样4种人：第一种是有问题今天解决的人；第二种是有问题等待明天解决的人；第三种是一味发愁，今天、明天都难以解决问题的人；第四种是等问题已造成恶果后再也难以解决的人。

在瞬息万变的商业社会里，把握时机，当机立断，比一天开几次会议来得实际。虽然综合众人的意见会给你带来相当的安全感，但众人参与的计划，并不一定是成功的计划。与其浪费时间在空谈，不如看准机会，发挥决断能力，这比起其他崇尚空谈的公司来，你会快人一步。

任何交易，如果过于谨慎，反而会错失良机。进行计划时，达到及格的标准就可着手进行。如果事事追求完美，反而会畏缩，以致计划无法实行。

然而，许多人往往耽于空想，总是"夜里想了千条路，白天还照老路行"。成功者喜欢说："你现在已经有了一个好的创意了吗？如果有，现在就去做！"

不过，虽说可行的创意的确很重要，高明的创意是成功的先导，但是光有创意还不够，还必须立即行动，去实施这一创意。高明的创意也只有在实施后才有价值。

每天都有几千人把自己辛苦得来的新构想取消或埋葬掉，因为他们不敢执行。过了一段时间以后，这些构想又会回来折磨他们。

拿破仑·希尔认为，天下最悲哀的一句话就是："我当时真应该那么做，却没有那么做。"每天都可以听到有人说："如果我前几年就开始做那笔生意，早就发财啦！""我早就料到了，我好后悔当时没有做！"一个好创意如果胎死腹中，真的会叫人叹息不已,永远不能释怀。如果当时果断施行,也许会给人带来无限的满足。

到美国华盛顿观光的游客总不免要到华盛顿纪念碑一游。不过,纪念碑处游客如织,导游大概会告诉游客,排队等乘电梯上纪念碑要两个钟头,但是他还会加上一句:"如果你愿意爬楼梯,那么,你一秒钟也不必等。"

仔细想想,这句话说得多么有哲理!不止观览华盛顿纪念碑如此,人生之旅又何尝不是!说得更精确一点儿,通往人生顶峰的电梯不只是客满而已,它已经出故障了,而且永远都修不好,每一个想要往上爬的人都必须老老实实地爬楼梯。只要你愿意爬楼梯,一步又一步,那么我们将在顶峰相会。

现在就准备好,立即出发!

奖赏都是给那些比别人干得多的人

布隆伯格认为,仅仅喜爱自己的公司和行业是远远不够的,必须"每天的每一分钟都沉迷于此"。

1966年的华尔街不像现在这样公事公办、缺乏人情味儿,现在一个人一年换6次工作都很常见。那时的人并不跳来跳去,人们不仅仅以他们的雇主为标志,而在言谈举止中也具有各自公司的特征,无论是傲慢、高贵,还是谈笑风生、显得友好;公司反过来也是它的职员性格的综合。

从布隆伯格被所罗门公司录用的那一刻起,他就认为自己是一个"所罗门人"了。许多大公司贪求与众不同的门第、风格、语音和常春藤联校的教育背景,而所罗门更看重业绩,鼓励实干,容忍异议,对博士生和中学辍学生一视同仁,布隆伯格感到很适应,他觉得那是他的地方。那时的职员都接受雇主的保护,这是因为,在那时的华尔街,重要的是组织而不是个人。他们从来不用第一人称单数。

开始的时候,布隆伯格认为:如果你能进入一个投资公司——对不是创始家族的继承人来说,可不是一件容易事。你会把它看成是终生的职业。你会一直干下去,最终成为一名合伙人,然后在年纪很大时死在一次商务会议当中。你可能不喜欢所有的合作者或是合伙人,但成功"既是大家的,又是自己的"。他们的成功有助于巩固你的成功,你的业绩也支持了他们。当这一重要原则在70年代被忘记的时候,被称作"华尔街"的这个整体四分五裂了。查尔斯·达尔文已经告诉我们将发生什么:像大自然要求的那样适者生存,但是许多优秀的和有价值的生物在此过程中消亡了。

布隆伯格每天上班很早,除了老板比利·所罗门外,比其他人都早。如果比利要借个火儿或是谈体育比赛,因为只有布隆伯格在交易室,所以比利就跟他聊。

布隆伯格26岁时成了高级合伙人的好朋友。除了高级主管约翰·古弗兰德,布隆伯格常是下班最晚的。如果约翰需要有人给大客户们打个工作电话,或是听他抱怨那些已经回家的人,只有布隆伯格在他身边。布隆伯格可以不花钱搭他的车回家——他可是公司里的二号人物。

布隆伯格认识到:"使自己无所不在并不是个苦差事——我喜欢这么做。当然了,跟那些掌权的人保持一种亲密的工作关系也不大可能有损我的事业,我一直不理解为什么其他人不这么做。"

一个夏天,他在研究生院为马萨诸塞州剑桥镇哈佛广场的一个小房地产公司工作,他依旧是早来晚走的。学生们到城里来就是为了找一个9月份可以搬进去的地方,他们总是很急的,想尽快回去度假。

第七章 主动的人不会为拖延找借口

布隆伯格早晨6点30分去上班。到7点30分或8点的时候,所有来剑桥租房的人已经开始给他们公司打电话,跟接电话的人定好看房时间了。他当然就是唯一来这么早接电话的人——其他人在9点30分才开始工作。于是,每天当一个接一个的人进办公室找布隆伯格先生时,他们坐在那里感到很奇怪。

布隆伯格说:"你永远不可能完全控制你身在何处。但是你却能控制自己工作的勤奋程度,我从未见过,有人可以不努力就取得成功。你工作得越多,你做得就越好,就是那么简单。我总是比其他人做得多。"

当然,布隆伯格并没有因为工作而影响了自己的生活。他说:"我不记得曾因工作太紧张或我太专注于工作而耽误了晚上或周末的娱乐。我跟女孩们约会,我去滑雪、跑步和参加的聚会比别人都多。我只是保证12个小时投入工作,每天如此。你努力得越多,你就拥有越多的生活。"

那么,无论你的想法是什么,你必须比其他人干得更多——如果你把工作当作一种乐趣,那它就是一件比较容易的事。多干总能取得更大成就,同时你也会有更多乐趣,你也会因为得到了奖励而想干得更多。布隆伯格说:"我永远热爱我的工作并投入更多的时间,这有助于我的成功。我真为那些不喜欢自己工作的人感到惋惜。他们在工作中挣扎,那么不快活,最终业绩很少,使得他们更不喜欢他们的职业了。在这短短的一生中有很多令我愉快的事情可做,平日不早起就干不过来。"

奖赏几乎都是给那些比别人干得多的人。你得早来晚走,边办公边吃饭,晚上和周末还要把工作带回家。

你投入时间并不能保证你就会成功,但如果你不投入时间,结果就可想而知。敢做才会成功,人们要一砖一瓦地建造起自己的城堡,应深知水滴石穿的道理,只要持之以恒,什么都可以做到。

这个世上，最害怕丧失的就是勇气

人生中，许多障碍似乎很吓人，仿佛此路不通，但是，只要你有勇气试一试搬掉它，它就乖乖地滚到一边去了。可惜，有无数的人，在这种时候没有试一试的勇气，结果最后只能走上了平庸之路。

有个人原先在一个挂靠单位上班，后来被精减下岗了。他对于下岗倒没有什么想不开的，知道再在这个半死不活的单位待下去也是没有多大出息的，于是他决定自己创业了。

起初，他计划开一个饭店。他觉得自己家乡的风味小吃一定能在这个城市里叫响。他征求了一位朋友的意见，朋友大吃一惊地告诉他："你也不到街上看看，那关门的饭店有多少，可不要赔了血本啊！"他回来想了一个晚上，还是觉得朋友说的对，就放弃了开饭店的念头。

第二天，他来到街上，走进服装批发市场，看到那里挺红火的，便找着一个熟人，问问行情和买卖咋样，结果发现有赚头，心中一动，赶忙回家跟老婆商量。老婆也拿不准主意，就打了个电话，把老丈人请到家里商量这个事。他们两口子觉得老丈人在国营商场干了一辈子，应该能拿准这件事。谁知老丈人听了女婿的打算却连连摇头："还是不要冒险的好，虽然目前有赚头，但是你刚开始经商，一个不小心，就栽得起不来了。"

就这样，半年过去了，这个人起了许多许多的念头，最后都没有实行。整天没事干，心里自然丧气，觉得天底下似乎就他是最无用的人了。

最后，他灰溜溜地去拜访一个老同学，希望在他的集团公司下混碗饭吃。那位董事长看着自己的老同学落魄到这个地步,连忙答应。不过,老同学同时还给了他一个关系到他命运的忠告:"老同学,你缺少的不是聪明才智,而是一种信念,一种试一试的勇气。我敢说,如果你敢于一试,将来的成就绝对不在我之下。"

后来,他在这位老同学的帮助下,开办了一个小公司,专门经销一种建筑上用的防露剂。由于尽心竭力地经营,居然在短短的三年时间不仅还清了所有的债务,而且还使自己的公司达到了产供销一条龙的规模,企业效益连年上升,到如今已经是百万富翁了。

一个人的信念,绝对可以影响他的人生。我们来到这个世上,最害怕丧失的是勇气,一种面临机遇时敢于试一试的勇气。如果丧失了勇气,那就丧失了人生中许多美丽的风光和机遇。

想到,就要去做到

想和做是有差别的,别人做和自己做也是有差别的,而主动做和被迫做同样是有差别的。

有两个年轻人甲和乙,他们来到了一片空地上。甲在地上画了一个圆圈,嘴里说着:"我要在这里种树。"乙并没有像甲那样说他要种树,而是拿来一把铁锹开始在地上刨坑。"我要在这里种树!""我要在这里种树!"……甲继续在地上画圆圈。此时的乙正在把树苗放在树坑里。

"我要在这里种树!""我要在这里种树!""我要在这里种树!"……甲还在地上无休止地画着圆圈。这时,乙提来水浇灌着已经发芽的小树。

"我要在这里种树!""我要在这里种树!""我要在这里种树!""我要在这里种树!"……在地上画满了大大小小圆圈的甲终于累的晕倒在地上,猛一抬头却发现乙的大树已经枝繁叶茂,而此刻的乙正在树下悠闲地乘凉。甲回头看着自己画下的满地的圆圈,不禁低下了头去。

纵观古今很多的成功人士,他们都是在经过努力行动之后而有所成就的,就像乙君。但世上也不乏像甲君式的空想的人,然而最终的结果只能是失败。

人们总是想得快,做得慢;总是想得多,做得少;总是想得很好,做得很差。所以,理想总是和现实有差距,行动总是远远滞后于思想。为什么做得很慢?因为总是在想做得很好。为什么做得很少?因为没有去想做得很快。为什么做得很差?因为律己不严。

再看我们身边的一些人,有的人成了企业家,有的人成了政府要员,然而有的人则成了无所事事的流浪汉。他们是同学校友,在步入社会的初期,都在同一条起跑线上,然而今天的他们却有了如此大的差别。究其原因,并不是因为成功者聪明,也不是因为无所事事者太笨,只是在于他们有没有去认真地做一件事。

凡事都有一个想和做的过程,不管你的想法有多好,不管你的理想有多高,如果不去做,如果不为理想去干些实际性的工作,那就只能停留在原地。

想是一回事,而做又是另一回事。成功的人与失败的人的区别在于:成功的人敢想敢做,失败的人只想不做甚至不想不做。

俗话讲:"是骡子是马,要遛遛看。"凡事常常是"不试不知道,一试吓一跳"。为什么呢?因为想和做之间有着一定的距离,不做便不可跨越。

香港录像带大王颜炳焕个人资产逾6亿港元，自认半生奋斗得益于"勇于尝试"。颜炳焕于1951年生于福建农村，1960年随家人来到香港。

颜炳焕的祖父和父亲都是小生意人，他受家族营商气氛感染，中学未毕业已跃跃欲试要做生意。他回忆当年的情形时说："那时根本不知道生意是什么，只有一股年轻人的盲目冲动。1968年中学毕业后，也不考虑升学，便急忙干自己朝思暮想的猪皮买卖。那时，真的是异想天开，想把猪皮、虾片等打入菲律宾市场，由于根本不了解市场需要，很快便一败涂地。"痛定思痛，颜炳焕想着还是先见见世面为妙，于是应聘去做电子计算机推销员，这段生涯给了他极大启发："那时，推销员没有底薪，实行的是佣金制度。我每天拿着几台计算机样本，坐电梯到商业大厦的顶楼，然后逐层而下，逐户拍门推销。永远不能预知那天有没有生意，只知不拍门便没有生意，而拍门则要不怕碰钉子，这令我养成勇于尝试及不怕失败的心理。"干了半年后，他返回父亲的贸易公司打工，负责订购汽车零件，因为常要往外国跑，使他眼界大开。他发现东南亚翻版录音带十分流行，而香港则是全世界廉价录音带的最大产地。他立即转做录音带贸易，一下接了新加坡10万盒录音带的订单。不料，却因品质不合规格而被全部退货，颜炳焕受到深刻教训。1977年，他自己设厂生产录音带，向美国和马来西亚出口，但干了几年发觉生产廉价录音带难以大发，遂于1981年迁厂福建，交给亲戚打理。自己则猛跑欧美国家，钻研录音带市场。1982年，他说服家族筹借300万港元，给他设厂生产录音带，并得到日本VHS录像带的特许生产权，因顺应了消费者追求高质产品的形势，一举打开销路，生意飞速发展，1985年营业额为2 100万港元，1986年达4 600万港元。

随后，他又赴英国北部、马来西亚设厂，据他说："英国及马来西亚政府均鼓励外资的高科技投资，除提供厂房及税务优惠外，当地银行也乐意支持，是难得的拓展机会，而且产品标明在英国制造，更易打入欧洲市场。马来西亚的产品则可享有美国普及特惠关税优待。"1989年，其公司成为上市公司；1990年投资5亿港元收购讯科国际，业务拓至电视机生产；同年，他荣获1990年"香港青年工业家奖"。

生活中，我们不能因为想和做的差距而不去实现理想。事实上，事情一次做不好，尽可来两次、三次乃至百次、千次，所谓"失败乃成功之母"，结果总会渐渐接近理想境界的。人类之前有许多不可思议的梦想、幻想，许多年后的今天不也变成现实了吗？人类在数千年以前想像鸟一样自由地飞翔，也有很多人亲身尝试过，为此付出生命的也不在少数，如今这一梦想不是早就实现了吗？当初，人类想象着火星的神奇，编写了许多与火星相关的幻想故事，如今不会有人怀疑，今天，人类已经登上了火星。所以，想到了，就要努力去做到。

借口会拖延我们的行动，让我们一事无成

在生活和工作中，我们经常会听到很多借口。借口在我们的耳畔响起，告诉我们不能做某事或做不好某事的理由，它们好像是"理智的声音""合情合理的解释"，冠冕而堂皇。上班迟到了，会有"手表停了""路上堵车""今天家里事太多"等诸多的借口；业务拓展不开、工作无业绩，会有"政策不好""制度不行"或"我已经尽力了"等借口。任务没完成有借口，事情做砸了又有借口，只要有心去找，借口随处都存在。

做不好一件事情，完不成一项任务，有成千上万条借口在那儿声援你、响应你、支持你，抱怨、推诿、迁怒、愤世嫉俗

成了最好的解脱。借口就是一台掩饰弱点、推卸责任的"万能器",就是一块敷衍别人、原谅自己的"挡箭牌"。有多少人把宝贵的时间和精力放在了如何寻找一个合适的借口上,而忘记了自己的职责。寻找借口唯一的好处,就是把属于自己的过失掩饰过去,把应该自己承担的责任推向他人或社会。这样的人,在企业中永远不会成为称职的职工,更不可能成为企业当中可以被信任的员工,在社会上也不是大家可信赖和尊重的人。这样的人,注定一生只能是一事无成的失败者。

在一个艳阳天,刚出生的小鸭子望着天空中潇洒翱翔的天鹅,心里羡慕极了。

一次,它漫无目的地溜达,看见一只知更鸟正悠闲地蹲在树枝上。

"我希望我也能跟它一样蹲在高高的树上。"小鸭自言自语道,"可惜,我没有它那样坚硬有力的爪。"

小鸭自卑了,低着头继续往前走。它看见一只小兔跃过草地。

"我希望我也能跟你一样跳得那么快、那么远。"小鸭羡慕地说。

"你?你有像我一样强健灵活的腿吗?别做梦了!"小兔鄙夷道。

"没有。"小鸭自卑极了,悲哀地想,"谁都比我强,谁都看不起我。"小鸭叹了一口气,继续往前走,来到一条河边。小兔子也走到了河边,但它止步了,因为河太宽,跳不过去。一只大白鹅在河里游泳。

"我希望我也能跟你一样在水里游泳,可惜河水太凉,会感冒的;河水太急,会被冲走的。"小鸭忧虑地对大白鹅说。

"孩子,下来试试吧!"大白鹅鼓励道。

小鸭怀着忐忑不安的心情,"扑通"一声跳进水里。它发现河水很凉爽,并不冷。它还发现她那双平平的、有蹼的脚掌,正是用来划水的，河水居然没能把它冲走。看着小鸭子悠然快活的样子，小兔子羡慕极了。

其实，世上本无难事，是人们编织的各种借口让它们看起来格外艰难。借口摧毁了许多人的意志，使他们一生碌碌无为。

借口有两种：外来的和内部的。外来的借口往往夸大客观困难，像小鸭子夸大了自己想象中的外部威胁——河水一样；内部的借口往往无视自身潜力，像小鸭子忽视了自己尚待开发的内部优势——鸭掌一样。

美国成功学家格兰特纳说过这样一段话："如果你有自己系鞋带的能力，你就有上天摘星的机会！一个人对待生活、工作的态度是决定他能否做好事情的关键。首先要改变自己的心态，这是最重要的！很多人在工作中寻找各种各样的借口来为遇到的问题开脱，并且养成了习惯，这是很危险的。"

借口实质是推卸责任。在责任和借口之间，选择责任还是选择借口，这在很大程度上体现了一个人的工作态度，最终也决定了一个人的行动力。遇到了问题，特别是难以解决的问题，可能让你懊恼万分。这时候，有一个基本原则应该坚持，那就是永远不放弃，永远不为自己找借口。

与其被动地等待，不如主动地出击

古时候，有两个朋友，相伴一起去遥远的地方寻找人生的幸福和快乐，一路上风餐露宿，在即将到达目标的时候，眼前却出现了一片风急浪高的大海，而海的另一岸就是幸福和快乐的天堂。关于如何到海的另一岸，两个人产生了分歧：一个建议采伐附近的树木做一条木船渡过海去，另一个则认为无论哪种办法都不可能渡过这片海洋,与其自寻烦恼,不如等这海流干了,再轻轻松松地走过去。

于是,建议制船的人每天砍伐树木,辛苦而积极地制造船只,并努力学会了游泳;而另一个每天躺着休息,休息够了就到海边观察海水流干了没有。直到有一天,建议制船的人已经制好船准备扬帆出海的时候,另一个人还在讥笑他愚蠢的做法。

造船的那个人并没有生气,临走前只对他的朋友说了一句话:"去做每一件事不一定都能成功,但不去做则一定没有机会成功!"那个人竟然能想到躺到海水流干了再过海,这确实是一个不错的想法,可惜的是,海水不可能流干的,那么他的这个不错的想法是注定不会实现的。大海终究是不会干枯掉,而那位造船的朋友经过一番风浪最终到达了彼岸,这两个人后来在这海的两岸边定居了下来,也都有了子孙后代。海的一边叫幸福和快乐的世界,生活着一群我们称为勤奋和勇敢的人,海的另一边叫失败和失落的原地,生活着一群我们称为懒惰和懦弱的人。

从故事中我们体会到:不积极主动的人,只能在原地踏步,不会等到成功的到来。

在古老的西方有一位哲人叫苏格拉底,有一天他对弟子说,经过几十年的修炼自己练就了"移山大法",明天早上要表演移山,把广场对面的那座大山移过来。

消息一传出,第二天来了众多观看表演的人,只见苏格拉底口中念念有词,对着那座大山喊:"山,过来!山,过来!"半晌,他问周围的人群,你们看山有没有过来?这个时候人们开始窃窃私语,有人说好像转过来了一点点,也有人说好像没有过来。看到大家众说纷纭,苏格拉底又开始念念有词,继续高喊:"山过来,山过来……"可是过了很久,山还是没有过来。

渐渐地已经有人开始离开,苏格拉底没有理会那些离去的人,继续在那高喊:"山过来,山过来,山过来……"等到嗓子也喊哑了,山还是没有过来。于是,他用嘶哑的嗓子问已经为数不多的人:"山有没有过来?"这时几乎所有的人都异口同声地告诉他:"山没有过来!"听罢,苏格拉底说:"我再做最后一次努力!"只见他边高喊"山过来,山过来,"边朝山的那个方向走过去,人们也不知不觉地随着苏格拉底来到了山脚下,最后苏格拉底又问:"诸位,你们看看山有没有过来?"此时,人群突然变得鸦雀无声。苏格拉底用嘶哑的嗓音说:"诸位,你们都看见了,我修炼了几十年,用了这么长的时间和精力在这里高喊'山过来',可是山都没过来。怎么办?那就只好我过去了。山不过来我就过去,这就是我几十年练就的'山大法精髓'。"

其实,这个故事是在告诉我们:被动地去做事,只能是一事无成。只有主动地去做事,才是最好的方式,才能有成功的机会。

不做境遇的牺牲品,要成为它的主人

在古希腊神话中,有一个西西弗斯的故事。西西弗斯因为在天庭犯了法,被天神惩罚,降到人世间来受苦。对他的惩罚是:要推一块石头上山。每天,西西弗斯都费了很大的劲把那块石头推到山顶,然后回家休息。可是,在他休息时,石头又会自动地滚下来。于是,西西弗斯又要把那块石头往山上推。就这样,西西弗斯所面临的是永无止境的失败。天神要惩罚西西弗斯的,也就是折磨他的心灵,使他在"永无止境的失败"命运中受苦受难。可是，西西弗斯不肯认命。每次，在他推石头上山时，天神都打击他，用失败去折磨他。西西弗斯不肯在成功和失败的圈套中被困住，他在面对绝对注定的失败时，表现出明知失败也决不屈服的抗争意志。天神因为无法再惩罚西西弗斯，就放他回了天庭。

西西弗斯的命运可以解释我们一生中所遭遇的许多事情，其中最关键的是：生活中的困难都是有"奴性"的，如果你凭自己的努力战胜了它，你便是它的主人，否则你将永远是它的奴隶。

在一次记者招待会上，一名记者问美国副总统威尔逊："贫穷是什么滋味？"这位副总统向记者讲述了一段他自己的故事。

"什么也没有时是什么滋味？我在10岁时就离开了家，当了11年的学徒工，每年可以接受一个月的学校教育，最后，在11年的艰辛工作之后，我得到了1头牛和6只绵羊作为报酬。我把它们换成了84美元。从出生一直到21岁那年为止，我从来没有在娱乐上花过一美元，每一分钱都要经过精心算计。我完全知道拖着疲惫的脚步在漫无尽头的盘山路上行走是什么样的痛苦感觉，我不得不请求我的同伴们丢下我先走。在我21岁生日之后的第一个月，我带着一批人马进入了人迹罕至的大森林里，去采伐那里的大圆木。每天，我都是在天际的第一抹曙光出现之前起床，然后就一直辛勤地工作到天黑后星星探出头来为止。在夜以继日地辛劳努力一个月之后，我获得了6美元的报酬。当时在我看来这可真是一个大数目啊！每一美元在我眼里都跟今天晚上那又大又圆、银光四溢的月亮一样。"

在这样的困境中，威尔逊先生下决心，不让任何一个发展自我、提升自我的机会溜走。很少有人能像他一样深刻地理解闲暇时光的价值。他像抓住黄金一样紧紧地抓住了零星的时间，

别让拖延毁了你的人生

不让一分一秒无所作为地从指缝间流走。

在他21岁之前,他已经设法读了一千多本好书——想想看,对于一个农场里的孩子来说,这是多么艰巨的任务啊!

顺境固然好,它可以让你毫不费力地到达理想的彼岸,但如果一个人处于逆境之中该怎么办?只有秉着信念之灯继续前行,一直到达阳光地带。正如大多数成功者所坚信的那样:"我知道我不是境遇的牺牲者,而是它的主人。"

第八章 激励是人在逆境中前进的马达

克服拖延需要学会激励自己。有时候，我们拖延是因为对自己信心不够，对面临的事情或工作有一种恐惧的情绪，总是怕这怕那。这时候，我们必须拥有一种积极的心态，对自己要有充分的信心，切不可让自己打败自己。要让自己的意志变得坚强，要敢于克服恐惧，在工作和生活中不断激励自己，克服拖延的恶习，走向成功。

别让拖延毁了你的人生

人生最大的敌人就是自己的消极心态

我们必须面对这样一个事实：在这个世界上，成功卓越者少，失败平庸者多。成功卓越者活得充实、自在、潇洒，失败平庸者过得空虚、艰难、拘谨。

生活中，失败平庸者多，主要是他们的心态、观念有问题。遇到困难，他们只会挑选容易的倒退之路。"我不干了，我还是退缩吧。"结果陷入失败的深渊。成功者遇到困难，则会怀着挑战的意识，用"我要！我能""一定有办法"等积极的意念鼓励自己，想尽办法，不断前进，直至成功。就像爱迪生，试验失败几千次却从不退缩，最终成功地发明了照亮世界的电灯。

成功人士可在成功中获得更多的信心。积极行动的积累，可以造就伟大的成功；消极言行的累积，足以让人万劫不复。

仔细观察比较一下成功者与失败者的心态尤其是关键时候的心态，我们就会发现"一念之差"导致惊人的不同。

在推销员中，广泛流传着这样一个故事：两个欧洲人到非洲去推销皮鞋。由于炎热，非洲人向来都是打赤脚。第一个推销员看到非洲人都打赤脚，立刻失望起来："这些人都打赤脚，怎么会要我的鞋呢？"于是放弃努力，沮丧而回。另一个推销员看到非洲人都打赤脚，惊喜万分："这些人都没有皮鞋穿，这皮鞋市场大得很呢。"于是想方设法，引导非洲人购买皮鞋，结果发大财而回。

这就是"一念之差"导致的天壤之别。同样是非洲市场，同样面对打赤脚的非洲人，由于"一念之差"，一个人灰心失望、不战而败，而另一个人则信心满怀、大获全胜。要改变失败的命运,就要改变消极错误的心态。请永远记住:"一念之差"决定成败。

卡耐基曾讲过一个故事,对人很有启发:塞尔玛陪伴丈夫驻扎在一个沙漠的陆军基地里,她丈夫奉命到沙漠里去演习,她一人留在陆军的小铁皮房子里,天气热得受不了——在仙人掌的阴影下也有50摄氏度。她没有人可聊天,只有墨西哥人和印第安人,而他们不会说英语。她太难过了,写信给父母说要丢开一切回家去。她父亲的回信只有两行,这两行字却永远留在她心中,完全改变了她的生活:

"两个人从牢狱中的铁窗望出去:一个人看到了泥土,另一个却看到了星星。"

塞尔玛一再读这封信,觉得非常惭愧。她决定要在沙漠中找到星星。

塞尔玛开始和当地人交朋友,他们的反应使她非常惊奇,她对他们的纺织、陶器表示出兴趣,他们就把最喜欢的、舍不得卖给观光客人的纺织品和陶器送给了她。塞尔玛研究那些让人入迷的仙人掌和各种沙漠植物,又学习有关土拨鼠的常识。她观看沙漠日落,还寻找海螺壳,这些海螺壳是几万年前这片沙漠还是海洋时留下来的……原来难以忍受的环境变成了令她兴奋、流连忘返的奇景。

是什么使这位女士内心有了这么大的转变?沙漠没有改变,印第安人也没有改变,但是这位女士的心态改变了。"一念之差",使她把原先认为恶劣的情况变为一生中最有意义的冒险。她为发现新世界而兴奋不已,并为此写了一本书,以"快乐的城堡"为书名出版了。她从自己造的牢房里看出去,终于看到了星星。

人生最大的敌人就是自己的消极心态。这种心态常常把我们吓倒。要想有所作为,必须牢固树立积极心态,彻底清除消极心态。正如莎士比亚所说："消极是两座花园之间的一堵墙，它分割着时季，扰乱着安息，把清晨变为黄昏，把昼午变为黑夜。"

相信自己，不要让自己打败自己

常言道：世上无难事，只怕有心人；没有翻不过的山，也没有蹚不过的河。只是因为不相信自己能力的人多了，世界上才有了"困难"这个词语。

1862年9月，美国总统林肯发表了将于次年1月1日生效的《解放黑奴宣言》。在1865年美国南北战争结束后，一位记者去采访林肯。他问："据我所知，前两届总统都曾想过废除黑奴制，《宣言》也早在他们那时就起草好了。可是他们都没有签署它。他们是不是想把这一伟业留给您去成就呢？"林肯回答："可能吧。不过，如果他们知道拿起笔需要的仅是点儿勇气，我想他们一定非常懊丧。"林肯说完后就匆匆走了，可记者一直没弄明白林肯这番话的含义。

直到1914年林肯去世50年后，记者才在林肯留下的一封信中找到了答案。在这封信里，林肯讲述了自己在幼年时的一件事："我父亲以较低的价格买下了西雅图的一处农场，地上有很多石头。有一天，母亲建议把石头搬走。父亲说，如果可以搬走的话，原来的农场主早就搬走了，也不会把地卖给我们了。那些石头都是一座座小山头，与大山连着。有一年，父亲进城买马，母亲带我们在农场劳动。母亲说，让我们把这些碍事的石头搬走，好吗？于是我们开始挖那一块块石头。不长时间就搬走了。因为它们并不是父亲想象的小山头，而是一块块孤零零的石块，只要往下挖一英尺，就可以把它们晃动。"

林肯在信的末尾说：有些事人们之所以不去做，只是因为他们认为不可能。而许多不可能，只存在于人的想象之中。

这个故事很有启迪性。它告诉人们，有的人之所以不去做或做不成某些事，不是因为他没这个能力，也不是客观条件限制，而是他内心的自我想象首先限制了他，是他自己打败了自己。

在一生中每个人，总会有或多或少怀疑自己或自觉不如人的时候。

研究自我形象素有心得的麦斯维尔·马尔兹医生曾说过，世界上至少有95%的人都有自卑感，为什么呢？电视上英雄美女的形象也许要负相当大的责任，因为电视对人们内心的影响实在太大了。

有些人的问题就在于太喜欢拿自己和别人比较了。其实，你就是你自己，不需要拿自己和其他任何人比较。你不比任何人差，也不比任何人好，造物者在造人的时候，使每一个人都是独一无二的，不与任何人雷同。你不必拿自己和其他人比较来决定自己是否成功，而应该拿自己的成就和能力来决定自己是否成功。

许多人喜欢看NBA的夏洛特黄蜂队打球，尤其是1号球员博格士，他身高只有1.6米，在东方人里也算矮子。

据说，博格士不仅是现在NBA里最矮的球员，也是NBA有史以来破纪录的矮子。但这个矮子可不简单，他是NBA表现最杰出、失误最少的后卫之一，不仅控球一流，远投精准，甚至在高个队员中带球上篮也毫无畏惧。每次看到博格士像一只小黄蜂一样满场飞奔，球迷心里总会忍不住赞叹。其实，他也安慰了天下身材矮小而酷爱篮球的人。

博格士是不是天生的好手呢？当然不是，而是在苦练中磨砺出来的。

别让拖延毁了你的人生

博格士从小就长得特别矮小，但他非常热爱篮球，几乎天天都和同伴在篮球场上玩耍。当时他就梦想有一天可以去打NBA，因为NBA的球员不只是待遇奇高，而且享有风光的社会评价，是所有爱打篮球的美国少年最向往的圣地。

每次博格士告诉他的同伴："我长大后要去打NBA。"所有听到他的话人都忍不住哈哈大笑，甚至有人笑倒在地上，因为他们"认定"一个1.6米的矮子是绝不可能打NBA的！他们的嘲笑并没有阻断博格士的志向，他用比一般高个子的人多几倍的时间练球，终于成为全能的篮球运动员，也成为最佳的控球后卫。他充分利用了自己矮小的优势，行动灵活迅速，像一颗子弹一样；运球的重心偏低，不会失误；个子小不引人注意，因而抄球常常得手。

一个人在精子和卵子相遇的一刻，就注定是一个成功者。因为上亿的精子在奔向唯一的卵子时，争斗比"人间"还激烈，最后成功的那一个，才会成为一个人。要想事业成功、生活幸福，重要的是要有积极的心态，要敢于对自己说："我行！我相信自己！我是世界上独一无二的人！"

依赖自己，才能得到最后的胜利

一般人最不好的一种毛病，就是认为自己在某一方面不具有特殊的才能，于是往往不去尽最大的努力。然而，有许多人似乎是平凡的，日后却成为了伟大的人物。在我们的力量没有受过检验以前，我们是不能明白自己究竟有多少潜在力量的。自强是比朋友、金钱以及各种外界的援助更为可靠的东西，它能排除阻碍、战胜艰难，它能使各种探险及发明成功。

第八章 激励是人在逆境中前进的马达

　　每个平常的人，都是可以自强自立的，然而真能充分发挥其"独立"能力的人却很少。因为依赖他人、追随他人，让他人去思考、去计划、去工作，自然要比自己去努力便利得多、舒适得多。

　　以为凡事都有他人替我们做，我们自己就可以不必努力了，这种感觉是最有害的。能够发挥我们的力量、才能的，不是外援而是自助，不是依赖而是自强。"坐在'便利与幸福的垫褥'上的人，是会昏昏入睡的"。

　　一个能够抛弃一切依靠、放弃一切外援，而一切都依赖自己的人，才是能够得到胜利的人。自强是开启"成功之门"的钥匙，自强是力量的开发者。

　　只有在受到极度的检验，在浑身所有的智力、能力必须拿出来去应对危难的时候，一个人才能发挥最大限度的力量！

　　经济窘迫、事业惨淡、生活艰难，这是"真正的人"获得最大的长进的时候。没有奋斗，就没有品味生命的成长。

　　当你能放弃求助于他人的念头而完全变得自立、自强时，你已踏上成功之路了。你能不借外力、自依自助，你就能发挥出你自己所想不到的力量。

　　外界的助力，在当时看来似乎是一种幸福，但最终它是一种"祸害"，因为它能阻止你上进。

　　世界上有不少身体衰老甚至四肢残缺的人，都能够自谋生计，难道身手健全的青年反而要依靠别人接济、求助于他人吗？

　　在一个人依赖他人时，他不能感觉到自己是一个"完整的人"。等到有了一定的职业、位置，而可以绝对自立自依时，他才能感觉到自己是一个无缺憾的人，才能感觉到一种光荣与满足。而这种光荣与满足，是别的东西所不能给予的。

　　芸芸众生，在世界上往往无足轻重。其中一个原因，就是他们不敢做自己的事，不敢自己的信仰，甚至不敢有自己的思想。他们做事时，常要求面面俱到；他们在开口以前，总会

别让拖延毁了你的人生

先想法探听别人的意见与自己符合与否，然后才敢发表意见，结果所发表的意见，只是人云亦云而已。

所以，人只有依赖自己、相信自己、自强自立，才能得到最后的胜利。

勇敢积极，就有机会找到新出路

很多时候并不是你的能力不行，也不是你没有机会成就大事业，而是你信心不足、勇气不够，骨子里有着一种天然的惰性，一遇上困难就妥协了、退缩了、放弃了。成功者不是这样，他们敢于与命运抗争，大胆打造自己的"奶酪"，劲头十足，不断前进，直到取得自己满意的结果。

诺曼·利尔是当今电视界的一位杰出人才，曾一度是皮鞋推销员，当时他渴望成为好莱坞的作家。为了引起有关人士的注意，他采取了一般人通常所用的各种做法，但都不奏效。于是，他勇敢地采取了一种新鲜少见的办法去表现自己的才能。他设法打听到好莱坞一位知名喜剧演员的电话。拨通电话后，当他听清接电话的是明星本人时，他既不打招呼，也不做自我介绍，上来就说："你准爱听，这是个了不起的笑话。"接着他就念了一篇他自己写的非常滑稽可笑的短剧。他一念完，喜剧演员就哈哈大笑起来。

在他们后面的谈话中，这位明星问利尔是否做过电视方面的工作，这时，这个甚至从没进过电视台大门却勇气十足的皮鞋推销员毫不含糊地说："当然。"这位知名演员对这个既能写出好的喜剧又有电视工作经验的不速之客感到特别中意，谈话结束时，利尔得到了他的第一次写作工作——为丹尼·凯的圣诞特别电视节目撰稿。没说的,他接受了这个工作!

还有这样一个例子:

杰利·韦因特伯是好莱坞最受推崇的经理人和制片商,代理着许多大明星的演出业务。在杰利的职业生涯中有过这样一次挑战——努力去赢得当时音乐界最红的明星艾尔维斯·普雷斯利的演出机会,那意味着有几百万美元的赢利。他给艾尔维斯的经理人帕克上校打电话,要求代理艾尔维斯的演出活动,上校断然拒绝了。但杰利不服输,在整整一年时间里他天天给上校打电话,在对方始终拒绝的情况下,他一直坚持着。

帕克问他:"我为什么非得答应你?我欠别人那么多情,可是什么也不欠你的啊?"

杰利坚定、自信地答道:"因为我非常擅长这一行,我能干得极其出色,给我个机会试试吧!"

最后,帕克说:"要是你带着银行担保的100万元支票到我这儿来,咱们就可以谈谈。"这是个让人难以接受的强硬要求,当时,还没有过开价100万美元的先例。杰利说服了一位和他一样勇敢的西雅图商人借给了他这笔巨款。杰利带着他的"通行证"——一张100万美元的支票去见帕克,谈了自己的想法。帕克很快地收起钱,握着杰利的手说:"你做成了这笔交易!"

一年以后,杰利已经在美国各地举办了艾尔维斯的演唱会。后来,帕克又把100万美元的支票退还给了杰利,原来他从收到支票那天起就一直把它放在书桌抽屉里。当杰利问他为什么不把支票兑成现金时,帕克说:"我对这钱不感兴趣,我只是想看看你是否具有和那些人物打交道所必备的本事!"

这两个故事都表明:在危机面前应无所畏惧,要敢于坚持自己的行动和想法。在平时,这些品质是你处理生活问题的一种宝贵财富，而在危机面前，采取勇敢的态度，不仅有助于解决眼前的问题，而且是开创新机会的一种手段。

古代的中国人就明白这一点，他们认为，危机可以成为发展和进步的良机。事实上，危机是由两层意思组成的，一层意思是危险，而另一层意思是机会。

在危机面前，成功者总是为改善最令人灰心丧气的局面而付出不懈的努力。

罗斯福担任美国总统期间，正面临着当时两个主要危机——毁灭性的世界范围的经济萧条和世界大战。1932年，罗斯福在一次演讲中表明了以进攻姿态解决问题的坚强决心。"除非我对形势的发展趋势估计错了，不然，我认为美国需要也要求有勇气去坚持不断试验。采取一种方法，并进行试验，这是常情。如果失败了，就坦率地承认，再去做新的尝试。"罗斯福实现了自己的诺言，开始了革新计划和社会改革。他那勇敢的"试验—失误"的探索的确导致了某些失败，但是也得到了具有世界影响力的成功。

我们之中可能没有谁会有领导一个国家的机会，但我们每个人都不妨把更勇敢、更坚持和进行试验的观念应用于自己的日常生活中。

要想争取机会，除了大胆、勇敢外，还得坚持到底，并要讲究技巧。

谢丽是个精明强干的古玩经营商。一天秘书告诉她，原来约好要来的一位荷兰古玩商艾夫瑞夫人取消了约会，说是要去治牙病。看来夫人是对这些不大感兴趣，所以老是强调她太忙。但谢丽不愿失去艾夫瑞夫人这位顾客，于是亲自拨通了电话。她的作风就是这样，绝不会就此罢手，她要以自己全部的智谋去勇敢地面对问题、解决问题。

谢丽并没有一上来就谈约会的事，她先谈了自己也是多么怕牙病,还讲了自己看病的笑话,以此创造了一种舒适自然、适于聊天的气氛。接着她又讲了这一批古玩开箱中的一些趣事,说道:"等你看了所有的珍宝后,我肯定你会像我们所有开箱时在场的人一样激动!"然后又以热情、乐观和循循善诱的态度补充说:"我知道,等你挑选要买的东西时会发生困难,因为这批货物的每一件都是完美无瑕的。你为什么不再安排个约会呢?"结果,她把艾夫瑞夫人的态度从厌烦和不感兴趣转向了想安排一次约会。

后来又出现过几个问题,比如,夫人下午要照顾放学的女儿,上午又要做自己的事,而周末又要去农村旅行……总之,她一直表示有障碍。谢丽却坚持不懈,她甚至提出让秘书把夫人的女儿接到陈列室来,以便使夫人能有更充裕的时间看这些东西。

艾夫瑞夫人终于安排了一次约会。而正如谢丽的预言,夫人对这批货物很喜欢,买去了好几件。

要是你遇到了像艾夫瑞夫人这样的情况,会如何处理呢?现在,你是不是在对自己说:"谢丽正是通过咄咄逼人的策略和阿谀奉承的手腕,去迫使那个女人安排了一次约会!"这根本不对!谢丽是个真诚的女人,她说每件事时都是真心实意的。这并不是阿谀奉承,而是对顾客的真诚和关心,也是与追求自己目标中的勇敢行为相结合的一种方式。要做个成功者,对你来说重要的是学会在困难时刻如何坚持前进。为了尽可能地赢得机会,你必须在紧急情况和发生问题时勇敢面对,坚持下来。只要你积极为克服困难而努力,就会有机会找到新出路。要相信,勇敢出才干。

没什么能永远囚禁意志坚强的人

没有什么恶劣的环境能永远囚禁一个有着坚强意志的人。所以不要为你的放弃找借口。

你说你希望不虚此生,你说你有雄心努力向上,那你为什么不付诸行动呢?你在等什么?是什么阻止了你?唯一的答案就是你自己。没有什么在阻止你,是你自己在阻止自己。机会在每个人的手上,也许你所拥有的机会远比成千上万个已经取得了成功的人曾有过的机会要好。

要靠你自己去找出问题所在。是机体上的原因,还是精神上的原因?你缺少体力吗?你有足够的教育吗?你所受的培训对于你的职业来说足够了吗?你知道是什么弱点使你不能得到你所梦想渴望的一切吗?经常是一些细小、看似不重要的个人弱点像锁链一样拖住了你,使你不能实现自己的壮志。

不要找一些愚蠢的借口,比如说,你没有机会,没有人帮助你,没有人拉你一把,没有人告诉你出路。如果你有潜力,如果你真的称职,你就会在找不到路的时候有意志开创出一条路来。

生命中的各种困难磨炼了我们的体能和神经,增强了我们的勇气和力量。生命的意义是人的行动、发明或是创造,以及英勇的行为、产业的进步、科学与艺术,这一切都是生活在气候反复无常地区的人们克服了无数困难,历经严寒与酷暑,通过与自然的斗争而取得的成果。

那些等待优厚条件的人,会发现成功无论是在哪个领域都不是一蹴而就的事情。那些能够排除环境干扰,在逆境中奋起,当别的人说他不行的时候仍能努力奋斗,排除阻碍的人将得到世界。为什么？因为克服困难的努力锻炼了他的力量，而这一力量将一步一步带他走向成功。

"如果奥伦治亲王能把大海引到莱顿城下的话，他也就能从天上采下星星来了。"1574年，当西班牙的士兵们得知荷兰军队要突破已持续4个月之久的重围时曾这样嘲笑道。但是从发着烧、颤抖着的威廉亲王干裂的嘴里发出了这样的命令："决开堤坝，将荷兰还给大海。"

人们回答的是："宁要一个陷于海底的城市，也不能使这个城市沦陷！"

于是，他们开始摧毁一座座大坝，每个大坝之间相距15英里，顺次向城市内陆缩进。这是一项巨大的工程。驻军们还在挨饿。

围困者无情地嘲笑着他们的缓慢进度，认为他们不自量力。

但是10月1号和2号两天午夜的大风席卷着潮水冲向内陆，汹涌的潮水将战舰抛上浪尖，几乎砸在了西班牙人的营地上。第二天早上，驻军驾船出海向他们的敌人进攻，但围困者早已在黑夜的掩护下逃走了。第二天风向变了，反方向的大风把入侵的舰队和海水一起吹跑，荷兰又浮出水面。外围大坝立刻重新建了起来，将北海拦在外面。

第二年春天花儿又开的时候，快乐的队伍在街头游行。莱顿大学也建立起来了，以纪念这个失而复得的城市。

谁能阻止一个有坚强意志的人取得成功呢？怎么能阻止呢？把一块绊脚石放到他的路上，他会把它当作向上攀登的阶梯；抽走他的资金，他用他的贫困来激励自己……

逆境是锻炼人意志的好时期，它能促成一个有决心的人走向成功。

一个人把他进取道路上所遇到的困难和不可能做到的事情

看得越大，他就会受到更多的限制。对一些人来说，他们看到前面的路充满了各种障碍、困难和认为无法做到的事，他们便什么也不去做；但也有一些人，他们觉得自己比那些试图要阻止他们、把他们束缚住、将他们绊倒的困难强大得多，他们甚至根本就不会注意到这些绊脚石。

如果你正在努力做某件事，暂时不能挪开路上挡住你的石头，也不必感到沮丧。那些在远处看起来大得吓人的困难在你走近的时候会渐渐变小，只要你有足够的勇气与自信，随着你不断前进，道路会为你而展开。阅读那些伟大人物的传记可知，他们从奋斗开始就在清理道路上的障碍。与他们所遭遇的困难相比，你的困难会"相形见绌"。坚定自己的信心，你就能减弱困难的程度。生命的成功和效率取决于坚定、持久的决心以及做我们心里想做的事的能力。义无反顾地向着我们的目标前进，不偏左也不偏右，哪怕伊甸园试图诱惑我们，失败和灾难在威胁我们。

行动起来，发挥出你所有的力量。对于热爱工作、志向远大的人来说是没有失败这种概念的。据与尤里乌斯·恺撒同时代的人说，恺撒的胜利与其说是由于其军事才能，不如说是由于其努力和决心。有一种人，他们充分利用自己的眼睛，绝不让任何前进中可能用得到的东西逃离他们的眼睛；他们的耳朵也随时都在倾听能够帮助他们的声音；他们的手总是张开着以随时抓住每一个机会；对能够帮助他们在这世界上发展的一切事情都时时在意；收集人生的每一种经历，用来组成生命的伟大图画；他们的心灵也敞开着，以接受伟大的启示以及所有能激发灵感的东西，这样的人一定会有成功的人生。对于这一点是没有什么"如果"或者"但是"的。这样的人只要有健康的身体，没什么能阻止得了他们最后的成功。

上天总是站在有决心的人的一边，而意志总是能开创出一条路来，即使是在看起来不可能的地方。

人生没有真正的失败

　　日本人把"不倒翁"称为"永远向上的小法师"。每当人们参加竞选获胜后,就把"不倒翁"的下半身涂黑,以示庆贺。"不倒翁"重心在下,无论人们如何推它,只要一松手,它马上又会弹起来,因此很招人喜爱。虽然只是一个小小的玩具,但它所揭示的人生哲理却很深刻:永远向上的人,在接受磨难时会保持平和心态,重心向下,无论被推倒多少次,都会不屈不挠地站起来。

　　有人问一个孩子,他是怎样学会溜冰的?那孩子回答道:"哦,跌倒了爬起来,爬起来再跌倒,然后再爬起来就学会了。"

　　跌倒不算失败。失败只会产生于承认失败之后。不管你跌倒多少次,只要你的选择是爬起来,你就没有失败。

　　没有一个人天生具有钢铁般的意志,普通人所有的犹豫、顾虑、担忧、动摇、失望等,在一个强者的内心世界也会出现。第二次世界大战的名将巴顿,号称"血胆将军",当有人问他在开战前是否感到恐惧时,他说:"我常在重要会战甚至交战中产生恐惧。"但是,他又说,"我绝不向恐惧屈服。"

　　同样,鲁迅彷徨过,伽利略畏惧过,奥斯特洛夫斯基甚至想到过自杀,但我们并不能因此否定他们是坚强刚毅的人。刚毅的性格和懦弱的性格之间并没有千里鸿沟,刚毅的人并非没有软弱,只是他们能够战胜自己的软弱。只要加强锻炼,从多方面与软弱进行斗争,你也能成为坚强刚毅的人。

　　只要希望还在,人生就没有真正的失败。

　　一位钢琴演奏家用了近20年时间提高技艺,就在他的技艺已炉火纯青时,就在他横空出世、即将声名远扬时,一场车祸夺去了他的双手。他将怎样去面对这悲惨的命运？

这位钢琴演奏家无法继续他的钢琴之梦，但他成为了一位著名的演说家。

在打击和磨难面前，仅仅停留于无休止的叹息，怨天尤人，诅咒命运，这样做是最容易的，却是最没有用处的。这些不会帮助你改变现实，只会削弱你跟厄运抗争的意志。现实总归是现实，并不因你的诅咒而有所改变。怨恨和诅咒人人都会，但从怨恨和诅咒中得到好处的人却从来没有。

悲观绝望，自暴自弃，承认自己无能，这是意志薄弱、缺乏勇气的表现，也是自甘堕落、自我毁灭的开始。用悲观来对待挫折，实际上是帮助挫折打击自己，是在失败中又为自己制造新的失败，在痛苦中为自己增添新的痛苦。

我们应该相信，挫折只是命运的附属品，它绝不能决定命运。命运还要靠我们自己来选择，来掌握。

格鲁德·史密斯曾说："对于我们来说，最大的荣幸就是每个人都失败过，而且当我们跌倒时都能爬起来。"

"跌倒"后"爬起来"的方式，决定我们的人生格局——有的人拒绝苦恼，对失败的遭遇一笑置之，掸掸身上的尘土继续上路。他会尽快忘掉这不愉快的经历，决不影响自己的心情。这是一种乐观的态度，他的生活中将充满阳光。

有的人拒绝平庸，在失败降临时，审慎分析失败的原因，然后据此改进自己的行为，再次尝试，力争做得更好。这是一种积极的态度，他将收获的是累累硕果。

休斯出生在一个富有的石油商人家庭，18岁那年，他的父亲因病去世，他继承了父亲攒下的几百万美元家产，并接管了父亲的公司。野心勃勃的他，决定投资他喜欢的电影业。20岁那年，休斯投资拍摄了一部没有一家电影院愿意放映的电影，亏了8万美元。

第八章 激励是人在逆境中前进的马达

一般人初战不利,往往信心受挫,首先想到的是放弃。但休斯不是一般人,他意识到,这次失败,是他学艺未精所致。于是,他来到纽约,拜一位著名制片人为师,学习制片技术。这使他受益匪浅。他回来后即拍摄了第二部电影《阿拉伯之夜》。这部电影大获成功,曾荣膺奥斯卡喜剧片奖。

休斯信心大振,决定拍摄一部战争与爱情的大片:《地狱天使》。他不惜血本,拿出一半家产,决心将《地狱天使》拍成一部轰动世界的巨片。为了使场面宏大壮观、精彩刺激,他决定采用实人实景的方式拍摄。为此,他向英国、法国和德国租用各型战斗机87架,聘用飞行员135名。

在拍摄时,休斯固执地要拍一个飞机俯冲轰炸,然后坠落燃烧的镜头。这是一个极危险的动作,没有哪个飞行员敢拿性命开这种玩笑。好在休斯自己会开飞机,别人不敢玩命,他敢!于是,他穿上飞行服,登上侦察机,飞向蓝天。谁知飞机俯冲而下时,一头栽在地上,休斯因而身受重伤,幸而不曾丧命。

这次意外遭遇,并未动摇休斯的决心。伤愈后,他继续主持影片的拍摄。两年后,《地狱天使》终告拍成。休斯满心指望这部耗资300万美元的影片能一举成名,谁知在试映时,观众的反应却出奇的冷淡。毫无疑问,这部苦心孤诣的影片只是一部失败的劣作。休斯不禁大失所望。

一般人到了这种地步,肯定认为放弃是唯一的选择。但休斯毅然决定,重改剧本,另选演员,拿出另外一半家当,重新开拍。休斯明白,这次若不成功,他就要倾家荡产了。因此,他认真总结了前次失败的原因,进行了更充分的准备。所幸,这次拍摄十分成功,《地狱天使》果真成为一部轰动世界的超级大片。

在电影业获得成功后,休斯用积累的资金,创办了"休斯飞机公司",经多年发展,成为名闻世界的"飞机大王"。

真正的勇士把人生的跌倒看成是通往目标途中必然发生的

事，而不是一种不幸。所以，当他跌倒时，他不是躺在地上，埋怨前途茫茫、道路崎岖，或者怀疑有人陷害；更不会因为一次受挫，从此畏缩不前。他选择的是：站起来，重新向目标进发。

不要害怕犯错，人就是在犯错中逐渐变得智慧起来的。哈伯德说："一个人所能犯下的最大错误，就是他害怕犯下错误。"

不要害怕失败，人就是在失败中变得强大的。无论顺境逆境，只要你不放弃尝试，你便是在创造成功。假使你暂时没有获得想要的结果，不妨改进你的方法，再试一次，你终将心想事成。

把自己逼到墙角何尝不是一种策略

"一个奋斗者不需要退路，他必须排除万难去争取胜利。"这是德国财经作家、百万富翁博多·费舍尔的一句名言，也是从无数成功者的事迹中总结出来的一个经验。

在生理学上，有一种自然现象叫"应激反应"，是说人处在极端危急的境地时，能发挥出令人惊奇的、巨大的潜能。以前，国外曾报道过一则新闻：一个老太太为了救自己的儿子，居然用双手托住了一辆正在下坠的小汽车。而在平时，她甚至连一个小车轮胎也托不起来。

很多成功人士将这种"应激反应"运用到事业中，他们的方法是：不给自己留退路。在危难之时掐断退路，极有可能逼出自己乃至整个团队的最大潜能，创造一个奇迹。

韩信率数万精兵进攻赵国。赵国将领陈余得到消息，率领20万大军布防于井陉口。井陉口是入赵的必经之路，是太行山的险要关口。这里道路狭窄，两车不能并行，只能沿着狭长的隘道循序而进。从兵力和地形上看，都有利于赵军。

第八章 激励是人在逆境中前进的马达

韩信统领汉军,在距井陉口30公里的地方驻扎下来。

半夜时分,韩信在中军帐中派兵遣将。他命2 000名骑兵全副武装,携带一些旗子,沿着山中小路,绕到赵军背后,隐藏在山沟里,窥视赵军的营寨。

韩信嘱咐士兵:"赵军看到我们的主力部队后撤,一定会倾巢而出追击我们。只待他们的营垒一空,你们就立即冲进去,拔去他们的旗子,换上我们的旗子,然后配合主力夹击赵军。"

接着,韩信又派一万人马做先头部队,出井陉口,背对着河水列阵。韩信知道,赵军想把汉军一网打尽,这一万人马的先头部队既不是主力,又不打大将旗帜,赵军必然不肯去攻打。果然,这支先头部队顺利地背对着河边建立起阵地,未受赵军任何攻击。赵军得知韩信背水列阵,都暗笑起来,认为韩信不懂兵法。

天色微明之时,韩信布置停当,命令全体汉军大张旗鼓、喊声震天地杀奔井陉口。赵军看到汉军发动进攻,认为机会来了。当韩信的帅旗出现在井陉口时,赵军向汉军杀来。韩信假装战败,丢弃旗鼓,退到河边的阵地,与原来在那里列阵的一万士兵合在一处。

赵军看到汉军败退,果然倾营出动。此时,汉军前面是勇猛的赵军,后面是滔滔河水,没有退路。士兵为了活命,个个奋勇,以一当十,拼死搏杀。赵军多次冲击,都不能击溃汉军,而自己却被拖在水边。

正当两军杀得难分难解之时,偷袭的2 000骑兵进入赵营,把赵军旗帜全部换成了汉军的红旗。此时,赵军多次进攻不利,将士十分疲劳,主将不得不下令收兵回营。当赵军看到自己的营盘插满了汉军的旗帜时,大惊失色,立刻慌乱起来,人人逃命。赵将虽竭力制止,杀了不少逃兵,也阻挡不住败退的洪流。占领赵营的汉军乘机杀出,赵军腹背受敌,全线崩溃。

战斗结束后,有些将领不解,问韩信:"您背水布阵,犯

-167-

了兵法大忌，竟然取得了胜利，这是为什么呢？"

韩信回答说："兵法中说：'陷之死地而后生，置之亡地而后存。'汉军新招募来的士兵多，由于缺乏训练，斗志不够坚定。因此，必须把他们安排在没有退路的'死地'，他们才会死里求生，英勇奋战。如果将这些士兵放在进可攻退可守的安全地带，那么，强大的赵军一攻上来，谁不争先逃命？我们怎么能取得胜利呢？"

韩信"陷之死地而后生，置之亡地而后存"的策略，就是利用了人的"应激反应"，使那些未经训练的新兵发挥出了10倍的效能。

在军事上，为了避免受对方的"应激反应"所害，有"围师必阙""穷寇勿追"等作战原则。意思是，在重兵围困时给敌人留一条逃生之路，不追逼已处于穷途末路的敌人。其目的就是不要把对方逼到非死战不能求生的地步。

俗话说："兔子逼急了要咬人，狗逼急了要跳墙。"这都是"应激反应"的表现。人逼急了更不得了，智谋、体力一旦集于一点，泰山可移、沧海可填。

路是人走出来的，它始于拓荒者的决心和勇气。在"此路不通"的地方，只要你绝不退缩，逼着自己踏平坎坷、拨开荆棘，命运就会向你亮起绿灯。

詹姆斯出生在一个贫穷的家庭，年轻时做过各种既辛苦又不赚钱的工作。后来，他说服新婚妻子，卖掉家里的房子，凑足3 000美元，开了一家机电工程行。几年后，他的公司迅速壮大，年营业额超过一百万美元。

詹姆斯不满足于现有成就，决定让自己的公司上市，向社会筹集资金。当时，申请成立股份公司很容易，难的是在华尔街找到一家有实力的股票承销商——这些家伙比较挑剔，对小

第八章 激励是人在逆境中前进的马达

公司可不感兴趣。有人劝詹姆斯，趁早打消成立股份公司的念头，免得到时候成为笑柄。詹姆斯没有被将来的困难吓倒。既然他决定让自己的公司上市，他就一定要让自己的公司上市！

当詹姆斯办妥成立股份公司的一切法律手续后，却找不到一家股票承销商愿意承销他的股票。他顿时陷入进退两难的境地。

詹姆斯不是一个轻易认输的人，他决心破釜沉舟，跟华尔街的传统观念搏一搏。他想："难道我非得依赖那些讨厌的股票承销商吗？他们不肯帮我发行股票，我就不能自己发行吗？"他说干就干，邀集朋友们到处散发印有招股说明书的传单。

在华尔街的历史上，撇开承销商而自行发行股票，是破天荒的第一次，行家们都断言詹姆斯必定要以笑话收场。就詹姆斯本人来说，他是骑在虎背上，不得不硬着头皮干，因为他没有将事情干到半路就收场的习惯。

詹姆斯和他那帮热心肠的朋友们，从一个城市到另一个城市，起劲地推销股票。他的离经叛道之举使他在华尔街名声大噪，人们抱着或敬佩、或赞赏、或好奇、或尝试的心理，踊跃购买他的股票，短时间内便卖出40万股，筹得一百万美元。

获得资金后，詹姆斯如虎添翼。他以小鱼吃大鱼的方式，在股市进行了一系列漂亮的投资运作，奇迹般地兼并了多家大公司，创造了一个全美家喻户晓的现代股市神话。

世上只有易失之物，没有易成之功。要取得一点成就十分不易，你必须比绝大多数人做得好一倍，你才有可能成功，只是发挥一般的能量是远远不够的。要充分利用"应激反应"，把自己逼到只许成功不能失败的境地。比如，当众宣布自己的目标，一旦不能达成目标，就会丢脸，就会无地自容，这样也可以逼迫自己全力以赴。

把自己逼到无路可退时，你就不会再瞻前顾后，你的注意力会被有力地集中起来,在本能的驱动下,发出几十倍的威力,创造一个奇迹。

尤为重要的是,事情没做之前不要替自己设计退路,因为这只会为你的逃避提供借口。把退路断掉,逼迫自己向前、向前,永远向着自己的目标前进,终有一天你会大功告成。

想要生活有希望,就要克服恐惧心理

恐惧是种可怕的情绪,它通常使我们对生活无所适从,还会使许多人无法履行自己的义务,因为恐惧消耗了他们的精力,损害和破坏了他们的创造力。心存恐惧的人是无法充分发挥其应有才能的。因为在处境困难的时候,他们会束手无策,再加以焦虑不安,而使得自己无法做到最好。

许多人遭遇失败,是因为他们对奋斗的结果存在太多的担忧,唯恐不能取得成功。这种不断对事情结果的担忧导致了恐惧的产生,而恐惧对取得成功来说则是致命的。因为当一个人处在恐惧、担忧和焦虑中时,他的思想是不可能集中的。当人的心绪随着恐惧而起伏不定时,做事效率通常很低。在实际生活中,真正的痛苦并没有想象的那么大。

一位以美丽著称的女演员曾经说过:"任何想变漂亮一些的人绝对不可以恐惧和忧虑。恐惧和忧虑意味着所有美丽的毁灭、消亡和破坏,意味着丧失活力、无精打采,意味着多愁善感,意味着无休无止的灾难。不要介意发生的事情,一个女演员绝对不可以忧虑。如果她们能做到这一点,对于永葆青春的效果远比涂脂抹粉要强。"

如果你很注重自己的形象,请千万不要让恐惧毁了自己的青春形象。有这样两幅画,一幅画上的人满脸恐惧之色,而另一幅画上的他却满脸喜色。那"恐惧者"的画像很令人震惊,他的模样看上去已未老先衰,脸上是一副极度沮丧和了无生气的表情。这幅画中的他似乎要比那幅快乐画像中的他老许多岁,在那幅显出快乐的画像中,他是那样的朝气蓬勃、充满乐观和满怀希望。

恐惧究竟为何物?我们怎么从恐惧中产生出一种改变生活中的软弱、贫困和不足的力量呢?恐惧纯粹是一种心理想象,是一个幻想中的怪物,我们能够认识到这一点,心头的恐惧感就会消失。

恐惧通常使人麻木,缺乏创造力;恐惧毁灭自信,导致优柔寡断;恐惧使人意志动摇,不敢做任何事情;恐惧还导致人们产生怀疑和犹豫的心理。恐惧是能力上的一个大漏洞。有许多人把他们一半以上的宝贵精力浪费在毫无益处的恐惧和焦虑上面了。

恐惧虽然阻碍着人们力量的发挥和生活质量的提高,但我们也必须清楚地认识到它并非不可战胜的。只要人们能够积极地行动起来,在行动中有意识地纠正自己的恐惧心理,恐惧就不会再成为我们的威胁。

有一个文艺作家对创作抱着极大野心,期望自己成为大文豪。美梦成真前,他说:"因为心存恐惧,我眼看着一天过去了,一星期、一年也过去了,仍然不敢轻易下笔。"

另一位创作家说:"我把重点放在如何使我的文思有效率地发挥上,在没有一点灵感时,我也要坐在书桌前奋笔疾书,像机器一样不停地动笔。不管写出的句子如何杂乱无章,只要手在动就好了,因为'手到'能带动'心到',会慢慢地将文思引导出来。"

的确,我们完全有能力摆脱恐惧。初学游泳的人,站在高高的水池边要往下跳时，都会心生恐惧，如果壮大胆子，勇敢地跳下去，恐惧感就会慢慢消失，反复练习后，恐惧心理就不复存在了。

完美主义者很容易被恐惧所困扰，倘若很神经质地怀着完美主义的想法，进步的速度就会受到限制。如果一个人面对恐惧的事情时总是这样想："等到没有恐惧心理时再来跳水吧，我得先把害怕退缩的心态赶走才可以。"这样做的结果往往是把大量精力全都浪费在消除恐惧感上了。

人类心生恐惧是自然现象，且人们只有亲身行动才能将恐惧之心消除。不付诸行动，只是坐待恐惧之心离己远去，自然是徒劳无功的。

在不安、恐惧的心态下仍勇于作为，是克服神经紧张的处方，能使人在行动之中获得生机或活力，渐渐忘却恐惧。只要不畏缩，勇敢地迈出第一步，就能走出第二步、第三步，如此一来，人的心理与行动都会逐渐地走上正确的轨道。

第九章 把那些成功所必需的事情坚持下来

要克服拖延的坏习惯，需要我们平时养成良好的习惯，把那些成功所必需的事情坚持下来。在日常的工作和生活中，我们需要培养这些好习惯："今日事今日毕"；现在就去做，做事要有条理和秩序，做起来再说；做事要专一，保持心情的宁静，认真做好每一件事；注意向他人学习；留意自己的瞬间灵感，同时要养成良好的工作习惯等。

坚持"现在就去做"

做事的秘诀是什么？是行动。而督促你去运用这个秘诀的是：现在就去做。

"种下行动便会收获习惯；种下习惯便会收获性格，种下性格便会收获命运。"心理学家兼哲学家威廉·詹姆士如是说。他的意思是——习惯造就一个人，你可以选择自己的习惯，也可以养成自己希望的任何习惯。

只要一息尚存，在说过"现在就去做"以后，就必须身体力行，无论何时都必须行动。当"现在就去做"从你的"潜意识"到意识里时，你就要立刻行动。

请你养成习惯，先从小事上练习"现在就去做"，这样你便会很快养成一种习惯，在紧要关头或有机会时便会"立刻掌握"。

不要拖延，先做了再说。

你把闹钟定在早上6点，可当闹钟响起时，你却睡意正浓，于是干脆把闹铃关掉，倒头再睡。如果这种情况继续下去，你将来就会养成习惯。假使你的潜意识把"现在就去做"闪到意识里，你就不得不立刻爬起来不睡了。为什么？因为你要养成"现在就去做"的习惯。

魏尔士先生就因为做事的窍门而成为一个多产作家。他绝不让灵感自己溜走，想到一个新意时就立刻记下。这种事有时候会在半夜发生，没关系，魏尔士立刻开灯，拿起放在床边的纸笔飞快地记下来，然后继续睡觉。

第九章　把那些成功所必需的事情坚持下来

许多人都有拖延的习惯。因为拖拖拉拉而耽误了火车，导致上班迟到，甚至更严重——错过可以改变自己一生、使自己变得更好的良机。

所以，要记住："现在"就是行动的时候。

如果下定决心立刻去做，往往能够使你梦想成真。孟列·史威济正是如此。

史威济非常喜欢打猎和钓鱼，他最喜欢的生活是带着钓鱼竿和猎枪步行五十里到森林里，过几天以后再回来，虽筋疲力尽、满身污泥却快乐无比。

唯一不便的是，他是个保险推销员，打猎、钓鱼太花时间。有一天，当他依依不舍地离开心爱的钓鱼湖，准备打道回府时突发奇想，在这荒山野地里会不会也有居民需要保险？那他不就可以同时工作又在户外逍遥了吗？结果他发现果真有这种人：他们是阿拉斯加铁路公司的员工。他们散居在沿线五十里各段路轨的附近。他可不可以沿铁路向这些铁路工作人员、猎人和淘金者拉保呢？

史威济就在想到这个主意的当天开始行动。他向一个旅行社打听清楚以后，开始整理行装。他不肯停下来让恐惧乘虚而入，自己吓自己会使主意变得荒唐，以为它可能失败。他也不左思右想找借口，只是搭上船直接前往阿拉斯加的"西湖"。

史威济沿着铁路走了好几趟，那里的人都叫他"走路的史威济"，他成为那些与世隔绝的家庭最欢迎的人，因为没有人愿意跟他们打交道，他却前来拉保；同时，他也代表了外面的世界。不仅如此，史威济还学会了理发，替当地人免费服务。还学会了烹饪。由于那些单身汉吃厌了罐头食品和腌肉之类，他的手艺当然使他变成最受欢迎的贵客。同时，他也正在做自己想做的事：徜徉于山野之间，打猎、钓鱼，并且像他所说的——过史威济的生活。

别让拖延毁了你的人生

在人寿保险事业里，对于一年卖出 100 万元以上的人设有光荣的特别头衔，叫作"百万圆桌"。在孟列·史威济的故事中，最不平常而使人惊讶的是：在他把突发一念付诸行动以后，在他动身前往阿拉斯加的荒原沿线走过没人愿意前来的铁路以后，他一年之内就做成了百万元的生意，因而赢得"圆桌"上的一席地位。假使他在突发奇想时，对于行动有半点儿迟疑，这一切都不可能发生。

"现在就去做"可以影响你生活中的每一部分，它可以帮助你去做该做而不喜欢做的事；在遭遇令人厌烦的职责时，它可以教你不推脱、延迟；它也能像帮助孟列·史威济那样，帮你去做你"想"做的事。

请你记牢这句话："现在就去做！"

习惯影响着人的成功与失败

有这样一个故事：一个穷人碰巧得到了一本从亚历山大帝国图书馆中流出的书。打开一看，在这本书里藏着一样非常有趣的东西——一张薄薄的羊皮纸，上面写着点物成金的秘密。讲的是有一块小圆石头能把任何普通金属变成纯金。羊皮纸上记载着：这块奇石可以在黑海岸边找到，它与千千万万的石头在外观上没有两样，找到它的唯一方法是靠触觉——普通石头摸起来是凉的，它却是温的。于是这个穷人变卖了所有的家当，怀着发财的梦想带着简单的行囊，露宿黑海岸边，开始摸石头。为了避免重复摸石头，他每捡一块石头就丢到海里去。就这样，一天天、一年年地过去了，他仍然坚持着。突然有一天，他捡到一块石头是温的，可他竟然习惯性地把它扔到了大海里。因为这个动作太根深蒂固了,早已成了习惯,而由于习惯,使他下意识地把奇石给扔掉了,从而使多年的等待与梦想成为泡影。

有些人做每一件事,都能选定目标、全力以赴;另外一种人则习惯随波逐流,凡事碰运气。不论你是哪种人,一旦养成习惯,要想改变就不容易了。这种情形我们称为"惯性",是宇宙中的法则。

大自然利用惯性定律,维持着宇宙万物彼此之间的关系,小至原子的排列组合,大至星球的运行;维持着一年四季、疾病与健康、生与死,从而形成井然有序的系统。

习惯束缚着我们每一个人。习惯是由一再重复的思想和行为所形成的。因此,只要能够掌握思想,养成良好的习惯,我们就可以掌握自己的命运。每一个人都可以做得到,只要养成良好的习惯,就可以取代原来不良的习惯。

每一种生物的习惯都是由所谓的"直觉"而形成,只有人类例外。造物者赐予人类完整的、无可匹敌的权力——掌握思考的力量。运用这种力量,我们可以达成所有期望的目标。

这是一项神秘的真理。我们可以用来开启智慧之门,让工作有条不紊。只要能够掌握自己的意志力,一心一意朝着既定的明确方向,报酬是非常可观的。如果不好好把握,则会受到很大的惩罚。

习惯不会无中生有,更不会一成不变。但是它的确会帮助甚至强迫一个人追求目标,将思想付诸行动。

你要养成能让自己成功的好习惯。一心一意地专注于你想要追求的目标,等到时机成熟时,这些新的思考习惯将为你带来预期的名声与财富。

当然,除了好习惯之外,难免也会存在坏习惯。坏习惯常常是失败的罪魁祸首。正是因为习惯在不经意间作用于我们生活的点点滴滴,所以坏习惯往往会成为绊脚石——尤其对于意

别让拖延毁了你的人生

志不坚强的人来说，坏习惯往往会成为一个不良的主宰，统治及强迫人们违背他们的意志。

不良习惯会使你失去所期待的"石头"，使你对机遇视而不见，阻碍开发自己的潜能，它甚至会使你精神紧张乃至崩溃。

有一位大公司的高级主管，常常觉得自己内心紧张、焦虑和闷闷不乐，他知道自己状态不佳，却又无法停下来，于是向心理医生求助。心理医生帮他找到了原因，原来他有一种"没有止境，做不完又必须做"的感觉，而这又"归功于"他做事拖延的坏习惯。这位高级主管有两间办公室、三张办公桌，到处堆满了等待处理的东西——他常常由于一时的惰性，内心"待会儿再处理"这些东西。这样一来，他的办公桌上堆满了待复的信件、报告、备忘录等。更为严重的是，一个时常担忧万事待办却又无暇办理的人，不仅会感到紧张劳累，而且会引发高血压、心脏病和溃疡。

解决拖延的办法是克制自己的惰性，养成"现在就干"的好习惯。这位主管缺的是顽强的毅力——改掉坏习惯的意志力。在接受了心理医生的建议后，那位高级主管改掉了自己拖延的习惯。当他请医生去他的办公室参观时，医生看到，他改变了——打开抽屉，里面没有任何待办文件。"6个星期以前，我有两间办公室、三张办公桌。"这位主管说道，"到处堆满了等待处理的东西。直到跟你谈过之后，我一回来就清除了一货车的报告和旧文件。现在，只留下一张办公桌，文件一来便当即处理，不会再有堆积如山的待办文件让我紧张烦忧。更奇怪的是，我已不药自愈，再不觉得身体有什么毛病了。"

第九章 把那些成功所必需的事情坚持下来

良好的秩序是成功的基础

工作没有条理，同时又想把"蛋糕"做大的人，总会感到人手不够用。他们认为，只要人多，事情就可以办好了。其实，他们所缺少的，不是更多的人，而是让工作变得更有条理、更有效率。由于他们办事不得当，工作没有计划，缺乏条理，因而浪费了大量员工的精力，最后还是无所成就。没有条理、做事没有秩序的人，无论做什么事都没有效率可言。而有条理、有秩序的人即使才能平庸，他往往也能取得相当的成就。

一位企业家曾谈起他遇到的两种人。

一种是性急的人，不管你在什么时候遇见他，他都是一副风风火火的样子。如果要同他谈话，他只能拿出数秒钟的时间，时间长点儿，他就会把表看了再看，暗示着他的时间很紧张。虽然他公司的业务做得很大，但是开销更大。究其原因，主要是他在工作安排上七颠八倒，毫无秩序。做起事来，也常为杂乱的东西所阻碍。结果，他的事务一团糟，他的办公桌简直就是一个垃圾堆。他经常很忙碌，从来没有时间来整理自己的东西，即便有时间，也不知道怎样去整理、安放。

另外一种人，与上述那种人恰恰相反。他从来不显得忙碌，做事非常镇静。别人不论有什么难事和他商谈，他总是彬彬有礼。在他的公司里，所有员工都寂静无声地埋头苦干，各样东西都安放得井井有条，各种事务也安排得恰到好处。他每晚都要整理自己的办公桌，对于重要的信件立即回复，并且把信件整理得井井有条。所以，尽管他经营的规模要大过前述商人，但别人从外表上总看不出他有一丝一毫的慌乱，做起事来样样办理得清清楚楚。他那富有条理、讲求秩序的作风,影响了全公司,于是,他的每一个员工,做起事来也都极有秩序,公司里一片生机盎然的景象。

你工作有秩序,处理事务有条有理,在办公室里就不会浪费时间,就不会有杂事扰乱自己的神志,办事效率就会极高。从这个角度来看,你的时间也一定很充足,你的事业也必能依照预定的计划去发展。

今天的世界是思想家、策划家的世界。唯有那些办事有秩序、有条理的人,才会成功。而那种头脑昏乱,做事没有秩序、没有条理的人,成功永远都会和他擦肩而过。

从现在开始做起

"明天""下个星期""以后""将来某个时候"或"有一天",往往就是"永远做不到"的同义词。有很多好计划没有实现,只是因为应该说"我现在就去做,马上开始"的时候,却说"我将来有一天会去做"。

我们用储蓄的例子来说明好了。人人都认为储蓄是件好事,虽然它很好,却不表示人人都会依据储蓄计划去做。许多人都想要储蓄,却只有少数人才能真正做到。下面是一对年轻夫妇的储蓄经过。

毕尔先生每个月的收入是1 000美元,但是每个月的开销也是1 000美元,收支刚好相抵。夫妇俩都很想储蓄,但是往往会有一些理由使他们无法开始。他们说了好几年:"加薪以后马上开始存钱。""分期付款还清以后开始存钱。""渡过这次难关以后就要开始存钱。""下个月就开始存钱。""明年就要开始存钱"。

最后，还是他太太珍妮不想再拖了，她对毕尔说："你好好想想看，到底要不要存钱？"他说："当然要啊！但是现在省不下来呀！"

珍妮这一次下定决心了。她说："我们想要存钱已经想了好几年，由于一直认为省不下来，才一直没有储蓄，现在开始我们可以储蓄了。我今天看了一个广告，说如果每个月存100元，15年以后就有18 000元，外加6 600元的利息。广告又说，'先存钱，再花钱'比'先花钱，再存钱'容易得多。如果我们真想储蓄，就把薪水的10%存起来，不可移作他用。我们说不定要靠饼干和牛奶过到月底，只要我们真的那么做，一定可以办到。"

他们为了存钱，起先几个月当然吃尽了苦头，尽量节省，才留出这笔预算。现在他们却觉得"存钱跟花钱一样好玩"。

让我们时时刻刻记着本杰明·富兰克林的话："今天可以做完的事不要拖到明天。"这也就是我们中国俗话所说的"今日事今日毕"。

如果你时时想到"现在"，就会完成许多事情；如果常想"将来有一天"或"将来什么时候"，那你将一事无成。

什么事情都要先做起来

说起王跃胜有些人可能不大熟悉，但是说起"飞宇"网吧，恐怕北京大多数人都不会陌生。在拥挤的北京市区地图上，可以清晰地看到它的位置。王跃胜就是"飞宇"网吧的CEO，同时他还是九届人大代表。1985年的时候,他是共青团的突击手,当时还在团中央的胡锦涛同志给他发了奖杯。

王跃胜是一个农民,可别人说他不是一般的农民,是个现代的城市农民。他在号称中国"硅谷"的中关村核心地带北京大学南门外开网吧,一开就是18家,而在全国,他开了300家。王跃胜相信"网络改变命运"这句话,因为他自己已经彻底地被网络改变了命运。王跃胜希望网络能够改变更多人的命运,在他的网吧里,几十万人学会了上网。王跃胜最初是煤矿工人。他原以为当上工人,家里便有了依靠,可他以前没干过重体力活,下井才七天,就弄得浑身是伤。后来,他清理过马圈,扫过煤路。看着又脏又累又无聊的工作,王跃胜问自己:难道一辈子就做这个?

那是1982年,王跃胜从父亲那里要了80元钱,又东拼西凑了100多元。这总共不到200元钱就是他准备挖第一桶金的全部资金了。他四处筹资,办起了加油公司,很快积累了可观的收入。但是,他并没有停止前进的脚步。1997年5月,公司上了一套电脑管理系统,刚开始也没觉得怎么好使,慢慢地他发现,每月结账的时候,它的作用特别大,以前需要2到3天才能结清的账,计算机十几分钟就解决了。有了电脑管理系统,也带来了新的问题,因为需要维护设备、使用软件,公司又没有人懂,有问题就要往北京跑,太麻烦了。于是王跃胜又想:不如在北京开个公司,找几个高科技人才,办事也方便。

1997年7月,王跃胜第一次来到了中关村。他在北京待了两个月,几乎走遍了中关村的每个角落,深切地体会到电脑软件门外汉的滋味,认识到再靠当年的苦干是不行了,根本无法在此立足。一次很偶然的机会,王跃胜进了一家网吧,发现里面全是大学生。这时,一个想法在他的脑海中产生了:既然大学生都喜欢去网吧,那就开一个网吧,既能交朋友,又能找人才。主意一定,他就开始选地方。将北大、清华、理工大、北航等学校一比较，发现还是北大这边好，小南门离学生宿舍才几十米，出门就能上网，且处于中关村的核心地带，周围可辐射清华、人大，所以就选北大南门。1998年2月14日，"飞宇"网吧开业了。

刚开业的时候，"飞宇"只有25台电脑，100多平方米的营业面积。他到电信局申请64K专线的时候，电信的人就说，现在上网的人不多，太超前了，要小心，可他还是看好网络的发展前景，就毫不犹豫地申请了。开网吧那会，因为还没有网吧管理的规定，工商局经常来查。他们注册的是"技术公司"，就说是在搞电脑培训。北京人的素质都很高，也比较理解，后来有了规定，才有了经营网吧的执照。

"飞宇"网吧每天的电脑上网率达到23.6小时。大学未放假时，几乎每天可以看到排队等候上网的奇景。如果你当时去北京海淀路北大南墙一段，发现哪儿挤满了自行车，不用抬头，这里的招牌一定是——"飞宇"。

"想到了好主意，我一定马上实行，就像我办加油站那样。"王跃胜如是说。王跃胜告诫年轻人，有了想法，就赶快行动。不要等到一切条件都具备了，那时就晚了。什么事情都要先做起来，若中途遇到问题，再慢慢解决。

好的工作习惯为我们搭建更好的舞台

一个人不可能总按事情的重要程度来决定做事的先后次序，可是，按计划做事，绝对要比随心所欲做事好得多。

卡耐基对于怎样养成良好的工作习惯提出了4条建议：

别让拖延毁了你的人生

（1）条理！条理！

让我们晕头转向的并不是工作的繁重，而是我们没有搞清楚自己有多少工作，该先做什么。

（2）计划！计划！

卡耐基说，我最欣赏这两种能力：第一，能思考；第二，能按事情的重要程度来做事。

卢克曼在12年之内，从一个默默无闻的人变成了公司的董事长。他说这都归功于他具有卡耐基所说的那两种能力。卢克曼说："就我记忆所及，我每天早上都在5点钟起床，因为那时候我的脑子要比其他时间更清楚。那时候我可以考虑周到，计划一天的工作，按事情的重要程度来决定做事的先后次序。"

白吉尔是美国最成功的保险推销员之一，他不会等到早上5点钟才计划当天的工作，而是在头一天晚上就已经计划好了。他为自己定下一个目标，定下一个在那一天要卖掉多少保险的目标。要是他没有做到，差额就加到第二天，依此类推。

（3）拖延！拖延！

卡耐基说："一个人遇事，要拿得起，放得下。要有当机立断的做事习惯"。

已故的霍华说，当他在美国钢铁公司任董事的时候，开董事会总要花很长的时间，在会议里讨论很多很多的问题，达成的决议却很少。其结果是，董事会的每一位董事都得带着一大包的报表回家去看。

最后，霍华先生说服了董事会，每次开会只讨论一个议题，然后得出结论，不耽搁，不拖延。这样做也许需要去研究更多的资料，得出的决议也许有所作为，也许没有，可是无论如何，在讨论下一个问题之前，这个问题一定能够达成某种决议。结

-184-

果非常有效。所有的陈年旧账都清理了，日历上干干净净的，董事也不必再带着一大堆报表回家，大家也不用再为没有解决的问题而心烦了。

这是个很好的办法，不仅适用于美国钢铁公司的董事会，也适用于每一个人。

（4）管理！管理！

卡耐基说："一个人的能耐再大，也不可能一手遮天。要学会把责任分摊给其他人。"

很多领导人替自己挖下了个坟墓。因为他不懂得怎样把责任分摊给其他人，而坚持事必躬亲。其结果是：很多枝枝节节的小事使他非常忙乱，总觉得很仓促、忧虑、焦急和紧张。要学会分层负责，是很不容易的。如果找来负责的人不得力，也会产生很大的灾难。分层负责虽然很困难，一个做上级主管的，如果想要避免忧虑、紧张和疲劳，却非要这样做不可。

做好一件事从认真开始

美国著名演员菲尔兹曾说："有些妇女补的衣服总是很容易破，钉的扣子稍一用力就会脱落。但也有一些妇女，用的是同样的针线补的衣服、钉的扣子，你用吃奶的力气也弄不破、弄不掉。"做事是否认真，体现着一个人的生活态度、敬业精神。只有那些有着严谨的生活态度和满腔热忱的敬业精神的人，才会认真对待每一件事，不做则已，要做就一定要尽心尽力做好，这样的人也往往会得到别人的信任，为自己打开成功之门。

人类历史中，充满了由于疏忽、畏难、敷衍、轻率而造成的可怕惨剧。如果每个人都能凭良心做事，不怕困难，不半途而废,那么,不但可以减少不少的惨祸,而且可使每个人都具有高尚的人格。养成了敷衍了事的恶习后,做起事来往往就会不诚实。这样,人们最终必定会轻视他的工作,从而轻视他的人品。粗劣的工作,就会造成粗劣的生活。粗劣的工作是摧毁理想、堕落生活、阻碍前进的仇敌。取得成功的方法,就是在做事的时候抱着追求完美的态度。无论做什么事,如果只是以做到"尚佳"为目标,或是做到半途便停止,那是决计不会成功的。

许多人之所以失败,就是败在做事敷衍这一点上。这些人对自己所做的工作从来不会做到尽善尽美。须知职位的晋升是建立在踏实履行日常工作职责的基础上的,只有目前所做的工作,才能使你的价值渐渐获得提升。

美国成功学家马尔登说过,马马虎虎、敷衍了事的毛病可以使一个百万富翁很快倾家荡产;相反,每一个成功人士都是认认真真、兢兢业业的。

许多人做了一些粗劣的工作,借口是时间不够。其实,每个人在生活中,都有着充分的时间,都可以做出最好的工作。如果养成了做事追求完美、善始善终的习惯,人的一辈子必定会感到十分满足。而这一点正是成功者和失败者的分水岭。成功者无论做什么,都力求达到最佳程度,丝毫不会放松;成功者无论从事什么职业,都不会敷衍了事。

认真的精神,其实是对自己、对他人、对家庭和社会的高度责任感。做事能否认真,与是否有耐心关系密切。《围炉夜话》里把敷衍了事、耐不得麻烦视作一个人最大的缺点。许多人做事只图快,只图省力气,怕麻烦,于是偷工减料,"萝卜快了不洗泥",这样做出的"成果"必然是经不起检验的。现在市场上许多劣质产品使消费者吃尽苦头,其中原因之一就在于某些生产者不愿耐心地按工艺要求做，结果产品质量不能保证。商品社会让我们越来越缺乏耐性了。金钱正在大口大口地吞噬着我们的耐性，把我们搞得无比浮躁。而这种"浮躁"，这种"缺乏耐性"，正是为人做事不认真、充满"浮躁心"的突出表现。能否认真做事，不但是个行为习惯的问题，更反映着一个人的品行。"认认真真"与"清清白白"是不可分的。很难想象一个整天只图自己安逸和舒服、只想着走捷径取巧发财的人，会不辞劳苦、耐心且认认真真地做好该做的事。

认真做事的前提，是认真做人。世界上的任何事就怕"认真"二字。做事细心、严谨、有责任心、追求完美和精确，是认真；做人坚持正道，不随波逐流，不为蝇头小利所惑，"言必信，行必果"，也是认真；生活中重秩序，讲文明，遵纪守法，甚至起居有节、衣着整洁、举止得体，也是认真的体现。认真就是不放松对自己的要求，就是严格按规则办事做人，就是在别人苟且随便时自己仍然坚持操守，就是高度的责任感和敬业精神，就是一丝不苟的做人态度。

认真地做事，认真地做人，这在今天这个浮躁的时代尤为重要。

成功不是偶然，它更青睐专一的人

水滴石穿，绳锯木断。"骐骥一跃""不能千里"；"驽马十驾""功在不舍"。世上无难事，只怕有心人。贵有恒，何必三更眠五更起；最无益，只怕一日曝十日寒。这些格言说的都是一个道理：用心一处，不要蜻蜓点水。

孔子周游列国时，一路上跋山涉水，风餐露宿，这一日他

别让拖延毁了你的人生

来到了楚国一个山清水秀的地方。由于天气炎热,孔子及其弟子们便在林中歇息避暑。

这时,他们看见一位身手敏捷的驼背老人在用竹竿捉蝉,伸手一接便是一只,好像变戏法一样,看得大家目瞪口呆。

孔子趁老人休息的时候,走上前去,向老人请教捉蝉的方法:"一会儿就捉了这么多,你有什么秘诀吗?"

老人说:"在五六月里,我学着用竹竿头接运泥丸。开始接运两粒泥丸,使之不失坠,经过这样的练习,我捉蝉时失手的次数就不多了;然后再依次增加泥丸的数目,到接运五颗泥丸而使之不失坠的时候,就会达到我现在的境界。我操纵我自身,就好像砍断的大树;我伸出手臂,好像枯槁树木的枝条。天地虽然大,物品虽然多,我心中仅仅知道蝉的翼,任何事物都不能干扰我捕蝉的心思。照这样去做,怎么能捕不到蝉呢?"

孔子回头对弟子们说:"看来做任何事用心专一,不瞻前顾后,就可以达到神妙的境界啊!"。

另外还有一则故事,也说明了这一点。

楚国一位著名的钓鱼能手名叫詹何,据说他能够用一根蚕丝做钓线,用芒草针做钓钩,用小荆条或小竹条做钓竿,用半颗谷粒做诱饵,不管是在水流湍急的河中,还是在八百尺深的潭里,钓出的鱼要用车才能运走,而且他的鱼竿不会有丝毫的损坏。

楚王听说了詹何的钓术,很想知道其中的奥妙,于是把他召来,问他为什么有这么好的本领。

詹何笑道:"先父曾经对我说过这么一件事。有一个叫蒲且子的人射鸟,用很弱小的弓,在箭上系上极细小的丝,趁着风势射出去,能够把在青云之上飞行的大雕射下来。他之所以能够这样,是因为他用心专一,动作灵敏。我从他射鸟中得到启发，专心致志地琢磨钓鱼的诀窍，经过了五年之久才练就了这一套手艺。现在，当我在河边钓鱼的时候，就能做到心里不去想任何别的事，把钓线抛入水中、钓钩沉到水里之后，我的手脚就不再动，任何事情也不能打扰我。我一动不动，两眼静静地注视着河水，鱼就会以为我的钓饵是水里的尘埃或者水中聚集的泡沫，不知不觉地吞了下去，我顺势轻轻一拉，大鱼就被我钓了上来。这就是我为什么能成为钓鱼能手的道理。"

楚王说："原来如此啊！要是我治理楚国能够运用这一道理，那管理天下也就轻而易举了，你说是吗？"

詹何说："是啊，两者的道理是一样的。"

做事情只要坚持做到两点，就能顺遂人意：一是用心专一，不能三心二意；二是勤学苦练，熟能生巧。

第十章 与其坐而论道，不如起而行之

功成名就者的最大特点就是立即行动。敢做可以使一个人的能力发挥到极限，也可以逼得一个人献出一切，排除所有障碍。不要抱怨自己的命运不好，行动就是力量。唯有行动才可以改变自己的命运。10个空洞的幻想也不如一个实际的行动。我们总是在憧憬，有计划而不去执行，以致让拖延成为习惯，其结果只能是一无所有。因此，我们一定要克服拖延的习惯，立即行动起来，做了再说。

烦恼是不敢立即采取行动的借口

烦恼，是一种很复杂的心态。它既反映出人对现实的不满，同时又反映出人对现实的恐惧。烦恼者总生活在没完没了的埋怨声中，希望能走来一位"救世主"般的人物，一下子给他们一个完美的世界。事实上，完美的世界不是靠烦恼得来的，而是靠行动，是靠立即行动来争取的。

烦恼，究其原因，往往是因为你缺乏行动的勇气，没有必胜的信心。成功是不会等待你的，在你烦恼的时候，那些充满信心、用行动改变自己命运的人，已经有所成就了。而此时你又烦恼了，他们行动太快了，条件太好了，他们已经在这方面取得了成功，我可能永远也不会成功了，该怎么办啊？

行动是你改变现状的捷径，而一味地烦恼只能消磨你的斗志，动摇你的信心。烦恼是你不敢立即采取行动的借口，是内心恐惧的外化。

行动本身会增强信心，烦恼只会带来恐惧。克服恐惧最好的办法就是行动。要增加恐惧感的话，只需埋怨、等待、拖延、推托就可以了。

伞兵教练说："跳伞本身真的很好玩。让人难受的只是'等待跳伞'的一刹那。在跳伞的人各就各位时，我让他们'尽快'度过这段时间。曾经不止一次，有人因想'可能发生的事'太多而晕倒，如果不能鼓励他跳，他就永远当不成伞兵了。跳伞的人拖得愈久愈害怕，就愈没有信心。"

"等待"甚至会折磨各种人，让他们变得神经兮兮。

别让拖延毁了你的人生

《时代》杂志曾经报道，美国最有名的新闻播音员爱德华·慕罗先生，在面对麦克风时总是满头大汗，一旦开始播音以后，所有的恐惧就都没有了。许多老牌演员也有这种经验，他们都同意，治疗舞台恐惧症唯一的良药就是"行动"，立刻进入情境就可以解除所有的紧张、恐惧与不安。

一般人应付恐惧最常用的方法就是"不做"，或是埋怨这，埋怨那，即使最老练的推销员也难免如此。他们为了克服恐惧，往往在客户附近徘徊犹豫，要不然干脆找个地方一杯又一杯地喝咖啡来增加自信与勇气。可这样根本没有效果。克服恐惧——任何一种恐惧——最好的办法就是"立刻去做"。

你害怕电话访问吗？马上就去打电话，你的恐惧便会一扫而光；万一你仍旧拖拖拉拉，你会愈来愈不想打了。

你是不是不敢做一次全身健康检查？只要你去，所有的疑虑都会消失。你可能什么毛病也没有。万一有，也可以及早发现。如果不去检查的话，你的恐惧会越来越深，直到真正生病为止。

你是不是不敢跟上司讨论问题？马上找他讨论，这样才会发现上司根本没有那么恐怖。建立你的信心，用行动来消除烦恼吧，你会有更多的收获。

要克服恐惧，必须毫不犹豫，立即行动，唯有如此，心中的慌乱方得以平定。行动会使猛狮般的恐惧减缓为蚂蚁般的平静。

10个空洞的幻想也不如一个实际的行动

那些功成名就者最大的特点就是敢想敢做，敢做可以使一个人的能力发挥到极限，也可逼得一个人献出一切，排除所有障碍。敢做使人全速前进而无后顾之忧。凡是能排除所有障碍的人,常常会屡建奇功或有意想不到的收获。不要抱怨自己的命运不好,行动就是力量。唯有行动才可以改变你的命运。10个空洞的幻想也不如一个实际的行动。我们总是在憧憬,有计划而不去执行,其结果只能是一无所有。要成功,就一定要敢想,更要敢做!

蒙田曾指出:"那些真正的哲人、圣者,如果他们在探求真理方面很伟大的话,他们在行动上也一定很伟大……"

无论举出什么样的证据和例子,我们都可以看出,哲人、圣者的精神是那样崇高,心灵是那样充实,灵魂是那样高洁,他们就像是知识的海洋……

同时,我们一定要认识到,固守书本,整天苦思冥想,年久月长,形成了爱想象的习惯,这样的人在现实生活中反而会十分被动,因为他们不能适应生活、没有生活能力。善于思考、会做学问是一回事,会生活、会处理实际生活问题又是一回事。

那种认为会读书、有知识就自然会生活、自然是驾驭世事的能手的观点是错误的。许多人静坐书斋,洋洋万言信手拈来,但他们提出来的观点在现实生活中根本就行不通。书本与生活是有距离的,只有把二者有机地结合起来的人才是有用之人。

思想家们遇事往往先深思熟虑,而实践家遇事总是先试、先干。这两种人在实际生活中表现出来的风格真是迥然不同:善于思考的人总是显得优柔寡断,因为他们总是习惯于考虑事情的方方面面、仔细权衡利弊得失、思考问题的前因后果;而那些实践家根本不会这样思考,他们不会从事什么逻辑推理,一旦得出确定结论之后,他们即刻就付诸实施,因此,他们总显得雷厉风行。

看准事后迅速行动，才是最好的成功之法

有人说："凡事第一个去做的人是天才，第二个去做的人是庸才，第三个去做的人是蠢才。"但是，我们偏偏看到，有些懒人去争做庸才和蠢才。想成功必须出奇制胜，用自己独特的眼光去经营事业，并且看准后一定要迅速行动。

无论在什么时候都要有时间观念，决定做一件事情后，行动要迅速，绝不能把今天的事留到明天去做。时间就是金钱，拖延是成功的天敌，行动不敏捷就很难适应现代市场的竞争。

在今天这个信息高速发展的时代，企业必须在第一时间，用第一速度，对市场变化做出第一反应。因为有速度才有生存权，没有速度的企业必然会被淘汰。而要在竞争中处于优势位置，还必须有"第一速度"，因为大家都在比速度，只能以市场的第一速度去满足消费者的需求，才能创造消费者资源。产品策划要有第一速度、销售要有第一速度、服务要有第一速度，所有的环节都必须迅速在第一时间采取行动，要以"第一速度"满足消费者的需求，这个速度可使企业与消费者零距离接触，进而减少营运成本，创造更多的利润。

2002年9月底，正在德国考察的天津市技术改造办公室的工作人员，从一位德国朋友那里得知，有家"能达普"摩托车厂因倒闭而急于出卖。他们立即向该厂表示，他们准备买下这个厂，但须回国研究后才能确定，一周之内，必有答复。但同时，印度、伊朗等几个国家的商人也准备购买该厂。所以必须尽快行动。

回国后，天津市政府领导决定全部购买"能达普"厂的设备和技术，并立即通知德方。随即组成专家小组准备赴德进行

全面技术考察，商谈购买事宜。就在这时，联系人从德国发来急电：伊朗人抢先一步，已签署了购买"能达普"的合同，合同上规定付款期限为10月24日，如果24日下午3时伊朗汇款不到，合同便失效。

事情有点儿突然，确实没有预料到。天津市领导分析了整个情况后认为，国际贸易竞争中也存在偶然因素，虽然伊朗商人在签订合同方面抢先，但能否付款谁也无法预料。如果伊朗方面逾期付款，他们就还有争取主动的机会。10月22日上午10时，天津市政府做出决定，立即派团出国，从伊朗人手中抢回这个厂。代表团用了11个小时办完了要办15天的出国手续，10月23日飞到了慕尼黑。他们立即与德方联系。10月24日下午3时，当打听到伊朗方面的款项还未到的消息时，立即奔赴"能达普"摩托车厂。中国人的突然出现，令德方人员很吃惊。慕尼黑市债权委员会主管倒闭企业事务的米勒先生面带笑容地接待了中国代表团。他说："伊朗商人因来不及筹款已提出延期合同的要求。如果你们要购买，请现在就谈判签订合同。"原来，债权委员会已规定，"能达普"的财产必须于10月30日前出售完毕，以保证债权人的利益。如果逾期，将被迫拍卖，就是把全部固定资产拆散零卖，但这不仅会使厂方蒙受巨大的经济损失，而且会使这个有着67年历史的生产名牌产品的厂子化为乌有。他们意识到对方急于出卖的心理，但又不能干闭着眼睛买外国设备的蠢事。经过几个回合的交涉，终于达成了中国专家先进行全面技术考察后再谈判的协议。25日早晨，中国专家来到"能达普"厂，对全厂的设备、机械性能、工艺流程进行全面考察，最终结论是：该厂设备先进，买下全部设备非常合算。25日下午2时整，谈判在中国专家驻地正式举行。经过紧张的讨价还价，在次日凌晨签订了合同。中国专家团以1600万马克（合500多万美元）的价格，买下了"能达普"的2229台设备和全套技术软件。后来了解到，这个价格比伊朗所

别让拖延毁了你的人生

要支付的价格低200万马克,比一些竞争对手准备支付的价格低500万马克。

做事就是这样,如果你行动不够迅速,别人就会抢先一步;你想把事情做好,就必须行动迅速,先下手为强,把办事的主动权先握在自己手里。

1875年春的一天,美国实业家亚默尔像往常一样在办公室里看报纸,一条条的小标题从他的眼中溜过去,当他看到了一条几十个字的时讯"墨西哥可能出现猪瘟"时,他的眼睛突然发出光芒。

他立即想到:如果墨西哥出现猪瘟,一定会从加利福尼亚、得克萨斯州传入美国,一旦这两个州出现猪瘟,肉价就会飞快上涨,因为这两个州是美国肉食生产的主要基地。他的脑子正在运转,手已经抓起了桌子上的电话,问他的家庭医生是不是要去墨西哥旅行。家庭医生一时弄不清什么意思,一头雾水,不知该怎么回答。

亚默尔约医生见了面,并说服了他,请他马上去一趟墨西哥,证实一下那里是不是真的出现了猪瘟。

医生很快证实了墨西哥发生猪瘟的消息,亚默尔立即动用自己的全部资金大量收购佛罗里达州和得克萨斯州的肉牛和生猪,并很快把它们运到了美国东部的几个州。

不出亚默尔所料,瘟疫很快蔓延到了美国西部的几个州。美国政府的有关部门令一切食品都必须从东部的几个州运入西部,亚默尔的肉牛和生猪自然在运送之列。由于美国国内市场肉类产品奇缺,价格猛涨,亚默尔抓住这个时机狠狠地发了一笔大财。在短短的几个月内,就足足赚了100万美元。

亚摩尔之所以能够赚到这样一大笔钱,就是因为他比别人抢先一步,迅速行动,更好地抓住了商机。

成功者会马上行动，绝不拖延。时间是宝贵的，21世纪打的是速度之战，如果你不抢在别人前面，别人就会把你甩在后面。

每一个成功者都是行动家，不是空想家；每一个赚钱的人都是实践派，不是理论派。"我决定要养成迅速行动的好习惯。"这是成功人士每天都会告诉自己的话。迅速行动是一种习惯，是一种做事的态度，也是每一个成功者共有的特质。

宇宙有惯性定律。什么事情你一旦拖延，就总是会拖延，而一旦你开始行动，通常就会一直做到底。所以，只要行动就已成功了一半。行动应该从第一秒开始，而不是第二秒。

只要从早上睁开眼睛那一刻开始，你就迅速行动起来，并一直行动下去。对了每一件事都告诉自己立刻去做，你会发现，你整天都充满着行动力，这样持续三个星期，你就可能养成迅速行动的好习惯了。

所以，请你不要再想了，再想也没有用，去做它吧！任何事情想到就去做！现在就做！去行动！

拿一张纸写上"快速行动"，贴在你的书桌前、床头、镜子前，你一看到它就会有行动力的！现在就做！

为了养成迅速行动的好习惯，请你大声地告诉自己："凡事我要快速行动，快速行动！"连续讲10次，立即行动！只有不断地行动，才能帮你成功。行动的人改变了这个世界，行动的人才会在21世纪获得成功！

只有行动才能决定我们的价值

行动与思想同等重要。如果你每天都在想着做什么，却不付诸实际行动，那只能是空想，永远也不会成功。

德谟斯特斯是古希腊的雄辩家，有人问他雄辩之术的首要

别让拖延毁了你的人生

条件是什么?

他说:"行动。"

第二点呢?"行动。"

第三点呢?"仍然是行动。"

人有两种能力:思维能力和行动能力。没有达到自己的目标,往往不是因为思维能力,而是因为行动能力。

我们读过这样一篇古文:"蜀之鄙有二僧。"在四川的偏远地区有两个和尚,其中一个贫穷,一个富有,两人都想到南海去。一天,穷和尚对富和尚说:"我想到南海去,您看怎么样?"富和尚说:"你凭借什么去呢?"穷和尚说:"我有一个水瓶、一个饭钵就足够了。"富和尚说:"我多年来就想买船沿着长江而下,现在还没做到呢,你凭什么去?"第二年,穷和尚从南海归来,把去南海的事告诉了富和尚,富和尚深感惭愧。

穷和尚与富和尚的故事说明了一个简单的道理:光说不动是达不到目的的。

克雷洛夫说:"现实是此岸,理想是彼岸,中间隔着湍急的河流,行动则是架在河上的桥梁。"行动才会产生结果。行动是成功的保证。任何伟大的目标、伟大的计划,最终必然落实到行动上。

拿破仑说:"想得好是聪明,计划得好更聪明,做得好则是最聪明又最好。"

成功要有好的心态,成功要有明确的目标,这都没有错,但这只相当于给你的赛车加满了油、弄清了前进的方向和线路,要抵达目的地,还得把车开动起来,并保持足够的动力。永远是你采取了多少行动才让你更成功,而不是你知道多少才让你成功。所有的知识必须化为行动。不管你现在决定做什么事,不管你设定了多少目标,你一定要立刻行动起来。唯有行动才

第十章 与其坐而论道，不如起而行之

能使你成功。

现在做，马上就做，是一切成功人士必备的品格。

有一篇仅几百字的短文，几乎被译成世界上的所有语言，仅纽约中央车站就将它印了150万份，分送给路人。日俄战争的时候，每一个俄国士兵都带着这篇短文。日军从俄军俘虏身上发现了它，相信这是一件法宝，就把它译成了日文。于是在日本天皇的命令下，日本政府的每位公务员、军人和老百姓，都拥有了这篇短文。目前，这篇《把信带给加西亚》已被印了亿万份，在全世界广泛流传，这对有史以来的任何作者来说，都是无法打破的纪录。

"在一切有关古巴的事情中，有一个人最让我忘不了。当美西战争爆发后，美国必须立即跟西班牙反抗军首领加西亚取得联系。加西亚在古巴丛林的山里——没有人知道确切的地点，所以无法写信或打电话给他。但美国总统必须尽快与他合作。

"怎么办呢？

"有人对总统说：'有一个名叫罗文的人，有办法找到加西亚，也只有他才找得到。'他们把罗文找来，交给他一封写给加西亚的信。那个叫罗文的人拿了信，把它装进一个油质袋子里，封好，吊在胸口，划着一艘小船，四天以后的一个夜里，在古巴上岸，消失于丛林中。接着，在三个星期之后，从古巴岛的那一边出来，徒步走过一个危机四伏的国家，把那封信交给了加西亚——这些细节都不是我想说明的，我要强调的重点是：''麦金利总统把一封写给加西亚的信交给罗文，而罗文接过信之后，没有问题，没有条件，更没有抱怨，只有行动，积极、坚决地行动'！"

"只有行动赋予生命以力量。"罗文为德谟斯特斯、克雷洛夫、拿破仑的话做了最好的注脚。人是自己行为的总和，行

-199-

动最终体现了人的价值。

据说,在美国一个小城的广场上,塑着一个老人的铜像。他既不是什么名人,也没有任何辉煌的业绩和惊人的举动,他只是该城一个餐馆端菜送水的普通服务员。但他对客人无微不至的服务,令人们永生难忘——他是一个聋子!他一生从没有说过一句表白的话,也没有听过一句赞美之词,他只是凭"行动"二字,使平凡的人生永垂不朽!

"只有你的行动,决定你的价值。"这就是成功的秘诀!

世界上所有的成功都是行动的结果

"天上掉馅饼",这样的想法谁都知道是不切实际的。但生活中偏偏就有一些人终日沉湎于幻想之中,整天做着春秋大梦,认为成功就像馅饼一样有一天也会从天而降落在自己的头上。这样的人不会成功,永远不会。因为这样的人根本不懂得:成功的关键在于行动。

有个落魄的中年人每隔三两天就到教堂祈祷,而且他的祷告词几乎每次都相同:"上帝啊,请念在我多年来敬畏您的份儿上,让我中一次彩票吧!阿门。"

几天后,他又垂头丧气地回到教堂,同样跪着祈祷:"上帝啊,为何不让我中彩票?我愿意更谦卑地来服侍您,求您让我中一次彩票吧!阿门。"

又过了几天,他再次出现在教堂,同样重复着他的祈祷词。如此周而复始,不间断地祈求着。

终于有一次,他跪着说:"我的上帝,为何您不垂听我的祈求?让我中彩票吧!只要一次,让我解决所有困难,我愿奉献终身,专心侍奉您……"

就在这时,圣坛上空传来一个洪亮庄严的声音:"我一直在听你的祷告。可是,最起码,老兄你也该先去买一张彩票吧!"

你明白为什么这样的人注定不会成功了吧?光有梦想是不够的,要想成功就必须马上行动!

梦想是成功的起跑线,决心则是起跑时的枪声,行动犹如跑者全力的奔驰,只有坚持到最后一秒,方能获得成功的奖赏。

哥伦布还在求学的时候,偶然读到一本毕达哥拉斯的著作,知道地球是圆的,他就牢记在脑子里。经过很长时间的思索和研究后,他大胆地提出,如果地球真是圆的,他便可以经过极短的路程而到达印度了。

自然,许多大学教授和哲学家们都耻笑他的想法。因为,他想向西方行驶而到达东方的印度,岂不是傻人说梦话吗?他们告诉他:地球不是圆的,而是平的,然后又警告道,他要是一直向西航行,他的船将驶到地球的边缘而掉下去……这不是等于走上自杀之途吗?

然而,哥伦布对这个问题很有自信,只可惜他家境贫寒,没有钱让他实现这个冒险的理想。他想从别人那儿得到一点儿钱,助他成功,他一连空等了17年,还是失望。他决定不再等下去,于是启程去见西班牙女皇伊莎贝拉,途中穷得竟以乞讨糊口。

女皇赞赏他的理想,并答应赐给他船只,让他去从事这种冒险的工作。为难的是,水手们都怕死,没人愿意跟随他去,于是哥伦布鼓起勇气跑到海滨,捉住了几位水手,先向他们哀求,接着是劝告,最后用恫吓手段逼迫他们去。另外他又请求女皇释放了狱中的死囚,允许他们如果冒险成功,就可以免罪恢复自由。

别让拖延毁了你的人生

　　一切准备妥当，1492年8月，哥伦布率领三艘帆船，开始了一次划时代的航行。刚航行几天，就有两艘船破了，接着又在几百平方公里的海藻中陷入了进退两难的险境。他亲自拨开海藻，船才得以继续航行。在浩瀚无垠的大西洋中航行了六七十天也不见大陆的踪影，水手们都失望了，他们要求返航，否则就要把哥伦布杀死。哥伦布兼用鼓励和高压两种手段，总算说服了船员。也是天无绝人之路，在继续前进中，哥伦布忽然看见有一群飞鸟向西南方向飞去，他立即命令船只改变航向，紧跟这群飞鸟。因为他知道海鸟总是飞向有食物和适于它们生活的地方，所以他料定附近有陆地。哥伦布果然很快发现了美洲新大陆。

　　可以想象，如果哥伦布再等下去，必然会一生蹉跎，一事无成，美洲大陆的发现者可能改换他人了，成功的桂冠也永远不会属于哥伦布了。哥伦布最终成了英雄，从美洲带回了大量黄金珠宝，并得到了女皇的奖赏，以新大陆的发现者名垂千古，这一切都是行动的结果。

不仅要"行动"，还要有"信念"

　　当你大胆冒险、许下承诺、坚持到底、勇敢迈向未知的领域时，你的信念便会因此而增强，也会拥有更多成功的机会。如果你知道如何运用直觉与自信，大可不必把自己逼得太紧，不必承担风险，也不必当牛做马，你依然可以功成名就。可以说，自信会为你带来良机。

　　有时候我们不相信自己的潜能，因而浪费了许多时间和精力。许多人在追求成功的过程中走得很辛苦，却仍然无法达到目标。那是因为他们付出的太多，一心只专注于"行动"，却忽略了信念，他们无法确定自己是否可以得到内心所求，以致阻碍了成功。许多人只想着"行动"，却忽略了信念，忘记了自己一定可以得到内心所求。

有些人百般尝试，做了所有能做的事情，耗尽了所有精力，把自己逼到无路可走、心力交瘁之后，才开始意识到信念的重要性，情况因而有了转机。屡经挫败之后，他们仍能不懈地努力，终于找到了成功的契机。

伟大的发明家爱迪生曾说，发明靠的是99%的努力与1%的灵感。发明家在试验的过程中经历了无数次失败，却往往在束手无策、准备放弃时峰回路转，有所突破。爱迪生就是如此。他不停地尝试，表现了他追求成功的决心；他坚持到底，不轻言放弃，用心中的热情点燃了成功的火花。

点燃了热情的火花，就会迸发灵感。

如果你善用成功的秘诀，不必经历太多的挫折，照样可以点燃热情的火花；你不必冒着失去一切的风险，照样可以展现追求成功的决心；你不必经历大起大落，照样可以品尝成功的果实。一旦获取成功的秘诀，你就能够从容地完成心愿。

成功地实现你的梦想，一般需要经过意念开发、意念落实、付诸实践和机会创造机会4个阶段。

意念开发

这是主动去寻找机会的意念。偶然的触发会产生意念。例如，牛顿坐在树下读书，苹果掉下来，打在他的身上，触发了他的好奇心，牛顿开始思考：为什么苹果不往天上飞，却往地上掉？这种产生意念的方式是被动的，是在外界产生刺激之后做出的反应。不过，被动的方式不可靠。因为我们不知要等多久，才能碰上不知什么事件去触发我们产生灵感。相反，我们应该主动去寻找意念、创造意念。

意念落实

这是把模糊的意念提炼为清晰、具体可靠的目标、策略和步骤。首先是把模糊的意念变为清晰的意念。这需要清晰地勾画意念的轮廓，进而加进具体细节，使意念栩栩如生地浮现在我们面前。其次，进行形势判断，决定意念是否可靠，或者是否值得施行，值得施行的意念是否还需要修改。然后根据意念提供的蓝图，制定长、短期目标、策略、各种步骤等，以便施行。

付诸实践

开发和落实意念，无非是为了把它付诸实践。例如，某电脑公司开发新型个人电脑，经科学家、工程技术人员的努力，做好研究、技术开发、设计等工作后，就要投入生产，推向市场出售。不管意念、设想多么完美，如果不予以施行，借此产生利益，这些意念只是空中楼阁，徒然浪费思考的时间。

机会创造机会

一个机会实现了，常会带来其他机会。因此，在把意念付诸实践的时候，要留意实践过程中在什么地方会出现其他有利条件，以便扩张业务，或实行多元化发展。当然，在付诸实践之前，需先经过意念开发、落实，认为可行，才可以予以实施。

生涯规划对人的成功很重要

成功的秘诀，就是经常看到光明快乐的一面。心动不如行动！生涯规划在一般人印象中都是刻板、很难做到、有压力、不实用、唱高调的……好像只限于文字作业。但是，如果大家愿意以较轻松的心情、实际的方式去学习"生涯规划"，它将可以使生活与生命"同床共枕"，而非"同床异梦"，大家是否愿意试试看？

第十章　与其坐而论道，不如起而行之

若把社会上的人划分成6等，如金字塔形图案，那么，在尖塔顶端的是成功者，人数最少，却皆为国家、社会最优秀杰出的人士，如企业家、哲学家、政治家，他们可以把经验传承下去，让后人受益；接下来便是成功人士，他们较成功者略逊一筹，但在其专业领域中都有出类拔萃的一面，如很多老艺术家；第三层是为工作而生活的人，他们热爱工作，不计较收入，只为实现理想；第四层是为生活而工作的人，这种人比比皆是。譬如，许多人在同一个工作岗位上工作了三四十年，何以能如此一成不变地工作那么漫长的岁月而不变化？他很可能会告诉你："没办法，为了生活嘛！"为了年年调涨的薪资，为了怕换工作不适应，为了一家老小的安定生活，这种人把人生规划的意义全给模糊了。

第五层则是"随便"的人。他们往往没有自己的主见，永远都是随波逐流，在庸庸碌碌中度过了自己的一生。

试问，这种人是不是很可悲？"金字塔"最下面一层的人是放弃的人，他们在生活中不断放弃、自甘堕落。最明显的，便是在天桥上、地下通道中伏地行乞的人，每次看到这种人大家都应该很难过，因为他们空有好手好脚却不思振作，只想博得行人的怜悯而施惠，比起那些手足残疾，却还能利用剩余劳力赚取生活费的人，他们是不是太无耻了？

因此，每遇后者，人们应该上前对他说："你这样做是不对的，为什么不好好地找份工作，用自己的力量养活自己？"不知道这样的"婆婆妈妈"收效大不大，但是，真的应该为这种自我放弃的人感到悲哀。

看完6种类型的分析，你觉得自己属于哪一种人？或者你期望自己做哪一种人？只要你愿意向上攀爬，一定可以爬上去，因为社会是公平的。每一个人在人生中都应妥善规划出自己想要的，而不是别人想要自己做的。先学会把握自己的命运，等到有一天，我们也将成为别人生命中的贵人！

别让拖延毁了你的人生

美国有个著名的社会心理学家 Dr.Super 曾将人的成长期区分为 5 个阶段：

第一，0 至 14 岁的可塑期：
这个阶段的孩子可塑性高，也相当具有依赖性，常以哭闹方式向父母及长辈要求，以便满足需要。事事好奇，喜以冒险探索的心态来追求自己想要的东西。

第二，15 至 24 岁的成长期：
在这个年龄阶段，由于自主性强，对父母的依赖性渐渐减少，思想也日渐成熟，是人生当中最好的发展、成长季节。

第三，25 至 44 岁的建立期：
在这段年龄中，忙于建立事业基础、家庭基础、经济基础及感情基础，凡事渐趋于成熟。

第四，45 至 65 岁的维持期：
人生各项大事均已确定，儿女渐趋长大，事业也稳定了，正处于人生的收获季节。

第五，60 岁以后的衰退期：
"夕阳无限好，只是近黄昏"。在度过人生无数个高潮后，身体器官开始老化，病情渐生。这时，对于子女会产生依赖感，希望他们多陪自己，对他们的要求也愈来愈多，在人格的转变上仿佛又回复到第一阶段。所以，许多人都说"老人像小孩"，其实不无道理。

于是，Dr.Super 便从人的这样一个循环当中确定，人从出生到死亡是相互依存、相互扶持的。如果把这样的理念结合到人生规划上，那么人生规划就是未来整个生命的布局，5 年、10 年、20 年，甚至退休后的生活，而这一大段过程和周围的人关系密切，不可分离。

企业为什么要聘请你？因为它依赖你的工作能力。你又为什么要到企业去上班？因为你的精神生活、物质生活全靠它来满足。所以，在生涯规划上，我并不鼓励你用刻板的方式去规划，而是要在人际关系的角色上弄得清楚。你必须在整个规划的过程中受到很多人的帮助，而你也必须去帮助很多人，这样的规划才具有价值、意义。

许多企业家都曾表示，说他们10年、20年后最想当的是慈善家。但是，当10年甚至是20年过去后，可以肯定，他们可能还只是个商人，而非慈善家。所以，当你规划了一个生命中最想达到的目标时，希望你现在做的事都是和那个目标有关系的而不只是假设，或虚构一幅10年、20年后的美丽图案，却迟迟没有动手去做。

有这样一个真实的故事：有个四十几岁的中年男子，二十多岁进入一家银行时，因薪水不错，所以很满意；但到工作进入第3年时，不免也因固定的事务性工作而缺乏弹性，有换跑道的念头。偏巧这时他结婚了，开始有经济压力。于是他便想："换工作后未必能有这么好的待遇，还是忍忍吧，等几年再走也不迟。"

过了两年后，老婆生孩子了，家庭的开销更大了。他又告诉自己："再熬几年吧，等孩子大了，那时我再离开吧！"

过了10年，他的孩子是大了，但学费的压力随之而来。这时，他只好安慰自己说："没关系，生活嘛，等我退休了，一切都会好转的，为了这个家，反正我已没指望了，所有梦想也被摧毁殆尽；但是，等我退休后，起码我可以不再为工作烦心，我也可以带太太去各地走一走，说不定那时还有余力换栋好一点儿的房子。"

等他快退休了，有一天逛商场，看到一套很喜欢的西装，想买，但一看标价，哇，要6 000元。想想："唉，反正家里还有两套西装，算了，退休后何必穿那么漂亮。"继续逛下去，

-207-

又看到一件纯羊毛背心很喜欢,但是,售价要4 300元。他随即念头一转:"冬天还能冷几天?两个月很快就过去了,何必浪费呢?"

这个故事的结局用不着再描述了,想想就应该知道。许多空怀抱负的年轻人一心期望自己的未来能功成名就、当大老板,甚至轰轰烈烈地创出一番丰功伟业。但是,只有活在现在,去做现在就能做的事,才能如愿以偿。如果你只是个胸怀大志却无法立即去规划的人,那么,理想也只是空中楼阁、海市蜃楼而已。画大饼式的空谈,有什么用?

成功在于敢想,更在于你的行动

一个具有崇高生活理想和奋斗目标的人,毫无疑问会比一个根本没有目标的人更有作为和成就。中国古人早就说过:"取法上者得乎中,取法中者得乎下,取法下者得乎无。"西方也有这样一句谚语:"想扯住金制长袍的人,或许可能得到一只金袖子。"

从前有两个人,他们都想到远方去,一个人想到日本,一个人想到美洲。他们同时从蓬莱出海,结果两人都没有到达目的地。但想到美洲去的人到达了日本,而想到日本去的人只到了朝鲜半岛。

那些志向远大、敢于想象的人,所取得的成就必定是远远超出起点的;一个理想高、目标大的人,即使最后没有实现最终的理想和目标,但其实际达到的目标,也要比理想低、目标小的人最终达到的目标还大。

因此，任何人要想获得成功，首先必须敢想才行，也就是要敢于想象自己的未来，把自己的理想和目标提升起来，而不要退缩在一个蹩脚的、狭小的角落。

可以肯定地说，卓越的人生都是崇高理想的产物。不过，这只是问题的一个方面，另一个不容忽视的方面是，只敢想而不敢做或不愿做的人，也不会拥有成功的。

有个人曾经问著名的思想家布莱克："您能成为一位伟大的思想家，成功的关键是什么？"

"多思多想！"布莱克回答。

这个人如获至宝般地回到家中，开始整天躺在床上，望着天花板，一动也不动，按照布莱克的指点进入"多思多想"的状态。

一个月后，那个人的妻子找到布莱克，愁眉苦脸地说道："求您去看看我的丈夫吧，他从您这儿回去以后，就像中了魔一样，整天躺在床上痴心妄想！"

布莱克赶去一看，只见那个人已经变得骨瘦如柴。他拼命挣扎着爬起来，对布莱克说："我最近一直都在思考，甚至到了茶饭不思的地步，您看我离伟大的思想家还有多远？"

"你每天只想不做，那你都思考了些什么呢？"布莱克先生缓缓地问道。

那人回答说："想的东西实在太多，我感觉脑子里都已经装不下了。"

"哦！我大概忘了提醒你一点：只想不做的人只能产生思想垃圾。虽成功放了一把梯子，但双手插在口袋里的人是永远爬不上去的。"接着，布莱克举了这样一个例子：

有一位满脑子都是智慧的教授和一位文盲相邻而居。尽管两人地位悬殊，知识、性格更是有着天渊之别，可是他们都有一个共同的目标：如何尽快发财致富。

别让拖延毁了你的人生

每天,教授都跷着二郎腿在那里大谈特谈他的"致富经",文盲则在旁边虔诚地洗耳恭听。他非常钦佩教授的学识和智慧,并且按照教授的致富设想去付诸行动。

几年后,文盲真的成了一位货真价实的百万富翁。而那位教授呢?他依然是囊空如洗,还在那里每天空谈他的致富理论。就像人们说的那样,"教授教授,越教越瘦"了。

成功在于敢想,更在于行动。其实,相对于付诸行动来说,制定目标倒是更容易些。许多人都为自己制定了人生目标,从这一点来说,似乎人人都像一个战略家。但是,相当多的人制定了目标之后却没有落实下去,不敢采取行动,结果到头来仍是一事无成。敢想和敢做,是促使人走向成功的一对孪生兄弟,二者相辅相成,缺一不可。